W0268033

R. Kümmel

Energie und Kreativität

Energie und Kreativität

Von Prof. Dr. Reiner Kümmel
Universität Würzburg

B. G. Teubner Verlagsgesellschaft
Stuttgart · Leipzig 1998

Prof. Dr. phil. nat. Reiner Kümmel

Geboren 1939 in Fulda. Studium der Physik von 1959 bis 1964 (Diplom) an der Technischen Hochschule Darmstadt. Anschließend dort Assistent von Prof. Dr. Otto Scherzer. Von 1965 bis 1967 Research Assistant von Prof. Dr. John Bardeen im Physics Department der University of Illinois, Urbana, Ill., USA. 1968 Promotion an der Universität Frankfurt/Main. Wissenschaftlicher Assistent von Prof. Dr. Peter Fulde. Von 1970 bis 1973 DAAD/AGEH-Dozent am Departamento de Física der Universidad del Valle in Cali, Kolumbien. 1973 Habilitation in Theoretischer Physik an der Universität Frankfurt/Main. Seit 1974 Professor für Theoretische Physik an der Universität Würzburg.

ISBN-13: 978-3-322-87377-4 e-ISBN-13: 978-3-322-87376-7
DOI: 10.1007/978-3-322-87376-7

Gedruckt auf chlorfrei gebleichtem Papier.

Die Deutsche Bibliothek – CIP-Einheitsaufnahme

Kümmel, Reiner:
Energie und Kreativität / von Reiner Kümmel. –
Stuttgart ; Leipzig : Teubner, 1998
ISBN-13: 978-3-322-87377-4

Softcover reprint of the hardcover 1st edition 1998
Umschlaggestaltung: E. Kretschmer, Leipzig

Vorwort

Dieses Buch entstand aus Vorlesungen zu Energie- und Umweltfragen, die ich in Ergänzung zu den Vorlesungen in Theoretischer Physik an der Universität Würzburg gehalten habe. Geweckt wurde mein Interesse an den Problemen einer sozial ausgewogenen, langfristig umweltverträglichen Entwicklung durch einen dreijährigen Aufenthalt als Physikdozent in Kolumbien, an der Universidad del Valle, Cali, Anfang der 70er Jahre. In diesem immer wieder faszinierenden Land mit seinen vitalen, kreativen Menschen tritt die Bedeutung der ökonomischen Rahmenbedingungen für die Entfaltung oder Behinderung technischen und sozialen Fortschritts nur zu klar zu Tage.

Industrialisierung gilt als Voraussetzung für eine Verbesserung der Lebensbedingungen in den Entwicklungsländern. Damals, als meine Frau und ich nach Kolumbien gingen, hofften wir, daß diese Verbesserung durch den Nachvollzug der industriellen Entwicklung des Westens erreicht würde. Die Ausbildung des wissenschaftlich-technischen Nachwuchses sollte dazu einen Beitrag leisten. Umso größer war die Betroffenheit, als 1972 *Die Grenzen des Wachstums* erschienen. Ich hatte kurz zuvor die Bedeutung von Entropie und Zweitem Hauptsatz der Thermodynamik erstmals wirklich verstanden, weil mich meine Kollegen im Departamento de Física gebeten hatten, die Thermodynamik und Statistik nach dem ausgezeichneten Buch von F. Reif zu lesen. Von daher war meinen Studenten und mir sofort klar, daß Grenzen industriellen Wachstums natürlich existieren und die weitere Industrialisierung der Welt nicht entlang des bisherigen, europäisch-nordamerikanischen Entwicklungspfades verlaufen kann.

Nach Deutschland zurückgekehrt beschäftigte mich die Frage nach den treibenden Kräften und hemmenden Grenzen industrieller Entwicklung neben den Problemen der Supraleitungs- und Halbleitertheorie. Wie sich die Dinge jetzt darstellen und welche Konsequenzen naheliegen, will dieses Buch beschreiben. Es versucht das in einer möglichst allgemeinverständlichen Weise, indem es im ersten Kapitel auf die Naturgaben Energie und Entropieentsorgung als Grundlagen allen Lebens und Wirtschaftens hinweist, im zweiten Kapitel die zivilisatorische Entwicklung unter dem Einfluß immer stärkerer und intelligenterer Energienutzung skizziert, im vierten Kapitel nationale und internationale

Aspekte der Verteilung von Beschäftigung, Einkommen und Konsum dokumentiert und im fünften Kapitel die Entwicklungsmöglichkeiten neuer Energietechnologien und die notwendigen ökonomischen Rahmenbedingungen beschreibt. In Stil und Darstellung unterscheidet sich davon das dritte, zentrale Kapitel. Hier wollte ich bei der Darlegung des quantitativen Zusammenhangs von Energie, Wirtschaftswachstum und technischem Fortschritt nicht auf die mathematischen Grundlagen verzichten, die einem kritischen Leser bei der Beurteilung der Theorie helfen können. Führt sie doch zu dem Ergebnis, daß die Produktionsmächtigkeit der Energie, d.h. der Beitrag der Energie zum Wachstum der industriellen Wertschöpfung, in Deutschland, Japan und den USA während dreier Dekaden mit rund 50 Prozent im zeitlichen Mittel etwa so groß ist wie die von Kapital und Arbeit zusammen. Dieses Resultat der empirisch–technologischen Analyse widerspricht der in vielen Wirtschaftsmodellen gemachten Annahme, daß die Produktionsmächtigkeit der Energie bestimmt wird durch den nur 5 bis 6 Prozent betragenden Anteil der Energiekosten an den Gesamtkosten der Wertschöpfung. – Auch die formale Behandlung des prinzipiell unvorhersehbaren Einflusses menschlicher Kreativtität auf die Wirtschaftsentwicklung wird mit etwas Mathematik klarer als ohne. Ich hoffe aber, daß die Darstellung des Zusammenwirkens von Energie und Kreativität in der Entwicklung von Arbeit und Wohlstand auch für diejenigen Leser einsichtig bleibt, die sich um die relativ wenigen Gleichungen nicht weiter kümmern, sondern sie als das betrachten, was sie letztendlich auch nur sind: Die quantitative Beschreibung eines Sachverhalts, der allen, die technische Geräte benutzen, eine Selbstverständlichkeit ist: Damit etwas geschieht, muß Energie umgewandelt werden, diese Umwandlung gehorcht den Naturgesetzen, und neue Ideen stellen auf immer vielfältigere Weise Energie und Naturgesetze in den Dienst des Menschen. Daß daraus die richtigen Konsequenzen gezogen werden, ist das Anliegen dieses Buches.

Ohne die Unterstützung durch die Deutsche Forschungsgemeinschaft und die Anregungen, die ich in der Studiengruppe Entwicklungsprobleme der Industriegesellschaft und dem Arbeitskreis Energie in der Deutschen Physikalischen Gesellschaft empfangen habe, hätten eine Reihe von Ergebnissen der Energieforschung nicht den Weg in dieses Buch gefunden. Mein besonderer Dank gilt Thomas Bruckner, Wilhelm Dreier (†), Wolfgang Eichhorn, Malte Faber, Helmuth–Michael Groscurth, Dietmar Lindenberger, Gerard K. O'Neill (†), Uwe Schüßler und Willem van Gool für freundschaftliche Zusammenarbeit und vieles, was ich gelernt habe. Meiner Frau Rita danke ich für unsere Gespräche über Energie, Umwelt und Gerechtigkeit.

Würzburg, im Mai 1998 Reiner Kümmel

Inhaltsverzeichnis

Kapitel 1

Naturgaben

1.1 Sternenfeuer

Die Sonne scheint, weil sie in ihrem Zentrum pro Sekunde 600 Millionen Tonnen Wasserstoff zu Helium verschmilzt. Die dabei erzeugte Strahlungsenergie[1] benötigt für die Diffusion ihrer Quanten aus dem Fusionsreaktor im Sonneninneren bis an die Sonnenoberfläche[2] mehr als eine Million Jahre. Dann durcheilen die Lichtquanten die 150 Millionen km zwischen Sonne und Erde in etwas mehr als acht Minuten und versorgen nach ihrer Absorption durch Erdatmosphäre und Boden jeden Quadratmeter im Mittel mit einer Leistung von 239 Watt.

Die Sonne scheint seit viereinhalb Milliarden Jahren und hat dabei insgesamt weniger als ein Promille ihrer Masse[3] in Energie umgewandelt. Sie ist ziemlich typisch für die 200 Milliarden Sterne unserer Milchstraße, und nur sie ist für unser Leben von unmittelbarer Bedeutung. Mittelbar jedoch verdanken alle Elemente schwerer als Helium ihre Existenz dem Sterben längst vergangener Sterne: Diese hatten all ihren Wasserstoff verbrannt, schrumpften und erzeugten bei den im Schrumpfungsprozeß stark steigenden Temperaturen unter weiterer Energieproduktion durch Kernfusion alle Elemente wie Kohlenstoff, Sauerstoff, Kalzium bis hin zum Eisen. Eisen[4] besitzt den stabilsten aller

[1] Pro Sekunde werden $\Delta m = 4\,300\,000$ Tonnen Materie, das ist die Differenz zwischen den Gesamtmassen der Wasserstoffkerne vor der Fusion und der Heliumkerne danach, in Energie E umgewandelt gemäß Einsteins Gleichung $E = \Delta m \cdot c^2$; $c =$ Lichtgeschwindigkeit. Die resultierende elektromagnetische Strahlungsleistung, die solare Photoluminosität, beträgt $L = 3,845 \cdot 10^{26}$ Watt. Über Neutrinos wird zusätzlich die Leistung $0{,}023L$ emittiert.

[2] Reaktorradius 140 000 km, Sonnenradius 700 000 km.

[3] Sonnenmasse = 2×10^{30} kg.

[4] Genauer: das Isotop ^{56}Fe.

Kerne. Jede Fusionsreaktion zur Bildung noch schwererer Kerne, z.B. der von Kupfer, Silber, Gold oder Uran, verbraucht Energie, die in der benötigten Intensität durch Sternexplosionen in Novae und Supernovae freigesetzt wurde. Die Materie, aus der alles auf Erden besteht, und die Energie, die alles bewegt, sind also Gaben des Sternenfeuers.

1.2 Photosynthese: Nahrung und Brennstoff

Grünpflanzen und Algen fangen Lichtquanten ein, wandeln sie um in chemische Energie und speichern diese als Zucker.[5] Seit dieser Prozeß der Photosynthese im Chlorophyll abläuft und Biomasse produziert, liefert er Nahrung und Brennstoff. Diese geben in Verbindung mit Sauerstoff die gespeicherte Energie wieder frei, so daß Arbeit verrichtet werden kann.

In Pflanzen, Tieren und Menschen setzt der Atmungsprozeß in Umkehrung der Photosynthese die vom Zucker gespeicherte Sonnenenergie wieder frei. Dabei wird Adenosin-Triphosphat (ATP), die universelle "Energiewährung" aller Lebewesen, gebildet, die bei Bedarf an die Stellen im Körper transportiert wird, wo Arbeit verrichtet werden muß, sei es mechanische Arbeit der Muskelkontraktion, elektrische Arbeit, wenn Ladungen fließen, osmotische Arbeit, wenn Material durch halbdurchlässige Membranen transportiert wird, oder chemische Arbeit, wenn neue Substanzen gebildet werden.[6]

Diese Vorgänge in den Lebewesen hat die Evolution entwickelt. Mit Hilfe von Technik und Wissenschaft wiederholt sie der Mensch in anderer Form zur Produktion von Gütern und Dienstleistungen mit Hilfe des Feuers.[7] Er benützt dabei die von Sonne und Photosynthese erzeugten Brennstoffe, die als Pflanzen heranwachsen oder als verschüttete Pflanzen und Organismen in der Erdkruste zu den fossilen Energieträgern heranreiften.

Während Holz der Brennstoff der Agrargesellschaften war und heute noch

---

[5] $(HCOH)_6$.

[6] Den biologischen Energiezyklus beschreibt C. Sybesma [1] durch das Bild einer Reihe von Pumpspeicherkraftwerken, die Batterien aufladen: Die Photosynthese entspricht darin einer von der Sonnenenergie angetriebenen Pumpe, die Wasser auf ein hohes Niveau pumpt. Die Atmung entspricht dem stufenweisen Niederstürzen des Wassers, das Generatoren antreibt, die ihrerseits "ATP Batterien" aufladen. Die Batterien werden dann dorthin gebracht, wo Energie gebraucht wird; verbunden mit den richtigen Anschlüssen, entladen sie sich und leisten Arbeit.

[7] Die Freisetzung von Wärme und Strahlung durch Kernfusion ist das "Sternenfeuer". Erfolgt sie durch die "Oxidation" genannten chemischen Reaktionen in den atomaren Elektronenhüllen, als deren Produkte Kohlendioxid und Wasser entstehen, ist sie das Feuer, das dem Mythos zufolge Prometheus den Menschen brachte (und schwer dafür büßte).

der Landbevölkerung in den Entwicklungsländern zum Kochen und Heizen dient, dominieren seit über 100 Jahren Kohle, Öl und Gas als Energiequellen der industriell geprägten Gesellschaften. Die Entstehung dieser fossilen Energieträger begann vor etwa 300 Millionen Jahren in den Erdzeitaltern des Karbon und Perm. Damals wuchsen riesige Wälder in warmen Sümpfen. Die sterbenden Bäume dieser Wälder fielen auf den sumpfigen Boden und versanken darin. So wurden viele Generationen toter Pflanzen übereinandergeschichtet und schließlich von anorganischer Materie überdeckt, die von den die tiefliegenden Sümpfe umgebenden höheren Gebieten heruntergespült wurde. Luftdicht abgeschlossen konnten die Pflanzenmassen nicht verwesen. So blieb ein großer Teil der in ihnen gespeicherten Energie erhalten, während sie erst zu Torf und, bei weiterem Absinken und unter wachsendem Druck, zu Braunkohle, dann Steinkohle und schließlich Anthrazith zusammengepreßt und transformiert wurden. Im Tertiär, 64 Millionen bis eine Million Jahre vor der Gegenwart, kam es zu einem zweiten Kohleproduktionsschub, durch den die großen Braunkohlenlager gebildet wurden. – Öl und Erdgas entstanden aus den Überresten von Pflanzen und Tieren, insbesondere Plankton, die hauptsächlich in küstennahen Regionen zu Boden sanken. Sedimente, die neue Gesteinsformationen bildeten, versiegelten ihre Lagerstätten. Während vieler Millionen Jahre schufen unter der Mitwirkung von Bakterien und Schwefelwasserstoff chemische Prozesse, ähnlich denen bei der Kohlebildung, aus den abgestorbenen Lebewesen die flüssigen und gasförmigen Speicher der Sonnenenergie, die so überaus bequem zu verbrennen sind.

1.3 Weltraum: Entropieentsorgung

Alle natürlichen und technischen Prozesse sind mit Energieumwandlung und Entropieproduktion verbunden. Dieses Naturgesetz beherrscht die Welt. In der hier ausgesprochenen Formulierung faßt es den Ersten und den Zweiten Hauptsatz der Thermodynamik zusammen. Die unvermeidlich produzierte Entropie – der, grob gesprochen, bei jeder Aktivität anfallende Müll – entwertet die Energie und führt zur Emission von Wärme– und Stoffströmen in die Umwelt.[8] Bewirken diese Emissionen zu starke und und zu schnelle Änderun-

[8] Die statistische Physik definiert die Entropie S eines Systems als $S = k \ln \Omega$. Dabei ist Ω die Zahl der Mikrozustände, die dem Vielteilchensystem im Gleichgewicht zugänglich sind; $k = 1,38 \times 10^{23} J/K$ ist die Boltzmannkonstante. In dem von jedem System angestrebten thermodynamischen Gleichgewicht wird jeder zugängliche Mikrozustand mit derselben Wahrscheinlichkeit eingenommen. In diesem Sinne ist die Entropie ein Maß für Zufälligkeit oder Unordnung. Müll bezeichnet ein mehr oder weniger wertloses Durcheinander von Din-

gen der Stoffkonzentrationen und Temperaturen in der Biosphäre, entstehen Anpassungsdefizite der Lebewesen und ihrer Gesellschaften, die zu schweren Schäden führen können.

Durch die Wärmeabstrahlung in den kalten Weltraum entsorgen Sonne und Erde die auf ihnen produzierte Entropie. Nur so können sie über lange Zeiträume in einem nahezu stabilen Zustand bleiben, der die Voraussetzung für die Entwicklung höheren Lebens ist, wie wir es kennen.[9] Entropieentsorgung ist also nach Energie die zweite, lebensnotwendige Naturgabe. Unterstützt wird sie auf der Erde durch die eingestrahlte Sonnenenergie. Diese treibt die Kreisläufe an, die die durch die Lebens- und Industrieprozesse emittierten Stoffe bis zu einem gewissen Grade wieder in ihren Ausgangszustand zurückversetzen. Deshalb hat sich in der Vergangenheit die Zusammensetzung der Biosphäre in der Regel nur so langsam verändert, daß sich die Individuen und ihre Gesellschaften ohne katastrophale Zusammenbrüche den sich ändernden Lebensbedingungen anpassen konnten.[10]

Daß die natürliche Entropieentsorgung auch in Zukunft noch für stabile Verhältnisse sorgen kann, erscheint leider fraglich: Der über Zeiträume von mehr als 200 Millionen Jahren in die fossilen Energieträger eingelagerte Kohlenstoff wird bei Fortdauer der gegenwärtigen industriellen Verbrennungsprozesse in wenigen hundert Jahren wieder an die Atmosphäre abgegeben. Derartig schnelle und drastische Stoffeinträge in die Atmosphäre können von den natürlichen Kreisläufen nicht zurückgeregelt werden. Als Folge wird der wärmende Strahlungsmantel, mit dem Kohlendioxid und andere infrarotaktive Spurengase die Erde umgeben, immer dichter, und tiefgreifende Klimaänderungen sind innerhalb so kurzer Zeiträume zu befürchten, daß die Anpassungsprozesse für menschliches und nichtmenschliches Leben schmerzhaft verlaufen

---

gen. Der entropische "Müll" enthält auch wertlose Energie, genannt *Anergie*, d.h. Wärme bei Umgebungstemperatur. Entropieproduktion beim Streben eines Systems ins thermodynamische Gleichgewicht – ohne daß dieses Gleichgewicht im Falle der Erde in absehbarer Zukunft erreicht wird – verschlechtert den wertvollen, arbeitsfähigen Anteil der Energie, die *Exergie*, zu Anergie und ist in der Regel mit einer Ausbreitung von Stoffen im Raum verbunden.

[9] Entropieentsorgung im Großen wiederholt sich im Kleinen: Die Pflanzen, z.B., führen die in der Photosynthese produzierte Entropie durch Wasserverdunstung ab. Darum sind sie so durstig. Die ökologische Bedeutung von Entropieproduktion und Entropieentsorgung diskutiert ausführlich A. Stahl [2].

[10] Anders lagen die Verhältnisse bei kosmischen Ereignissen, wie dem vor 60 Millionen Jahren vermuteten Meteoriteneinschlag, der soviel Staub in die Atmosphäre aufgewirbelt haben soll, daß die Sonneneinstrahlung für längere Zeit merklich geschwächt wurde, die üppige Vegetation des Mesozoikums innerhalb kurzer Zeit zusammenbrach und die Saurier verhungerten - womit sie den Säugetieren Platz machten.

dürften. In neuer Weise mahnen jetzt die Naturgesetze, mit dem Feuer sehr behutsam umzugehen.

Im Feuer verbinden sich Kohlenstoff und Wasserstoff von Holz, Kohle, Öl und Gas mit Sauerstoff. Dabei entstehen Licht, Wärme, Kohlendioxid und Wasser. Mit der Beherrschung des Feuers begann die menschliche Zivilisation, und mit der immer intelligenteren Nutzung seiner Wärme entwickelte sie sich bis zum heutigen Tage.

Kapitel 2

Technischer Fortschritt

"Die Universalgeschichte der Menschheit kann in drei Abschnitte unterteilt werden, denen jeweils ein bestimmtes Energiesystem entspricht. Dieses Energiesystem setzt die Rahmenbedingungen, unter denen sich gesellschaftliche, ökonomische oder kulturelle Strukturen bilden können. Energie ist daher nicht nur ein Wirkungsfaktor unter anderen, sondern es ist prinzipiell möglich, von den jeweiligen energetischen Systembedingungen her formelle Grundzüge der entsprechenden Gesellschaften zu bestimmen." [3]

2.1 Jäger und Sammler

Vor einer Million Jahren lebte der primitive Mensch als Sammler von Pflanzen und Früchten auf der Basis eines Energiebedarfs von zwei Kilowattstunden (kWh) pro Kopf und Tag. Seit den Tagen des Sinanthropus Pekinensis vor vierhunderttausend Jahren zähmt und benutzt der Mensch das Feuer. Er entwickelte Waffen, nahm die Jagd auf und verbrauchte vor 100 000 Jahren als Jäger und Sammler sechs kWh [4], davon etwa die Hälfte als Brennholz zum Wärmen der Behausung und Kochen der Nahrung[1]. Die paläolithischen Jäger– und Sammlergesellschaften schalteten sich in die natürlichen Energieflüsse ein, ohne diese zu stark zu verändern. Ihre Nutzung von Biomasse war im wesentlichen mit deren urwüchsiger Neubildung synchronisiert; auf fossil gespeicherte Energievorräte wurde kaum zurückgegriffen. Der alles entscheidende technische Fortschritt bestand in der Zähmung des Feuers. Er ging einher mit Wirkungsgradverbesserungen bei der Nahrungsgewinnung: Speere aus frischem

[1]Zusammensetzung: etwa zwei Drittel Pflanzen, ein Drittel Fleisch.

Holz mit feuergehärteten Spitzen erlegten Großwild wie Waldelephanten.[2] Der nahrungsenergetische Ertrag der Jagd auf (reichlich vorhandenes) Großwild betrug mit 11 bis 16 kWh pro Arbeitsstunde mehr als das Zehnfache des Ertrags beim Ernten von Pflanzen. Bei dürftigen Großwildbeständen reduzierte er sich allerdings auf 3 bis 7 kWh. Schließlich erbrachte die Jagd auf Kleintiere und Vögel trotz fortgeschrittener (Pfeil und Bogen) Technik nur noch 1 bis 2 kWh pro Arbeitsstunde. Entsprechend schwankte die Bevölkerungsdichte bei Jägern und Sammlern je nach Ökosystem zwischen 1 und 50 Personen pro Quadratkilometer.

2.2 Bauern und Handwerker

Das globalgeschichtliche Zeitalter der Jäger und Sammler ging vor 10000 bis 12000 Jahren zu Ende. Damals löste die noch heute andauernde Warmzeit mit ihren stabilen Temperaturen die vorangegangene Eiszeit ab, deren Temperaturen im Mittel um 4 bis 5 °C unter den heutigen lagen und zudem heftig schwankten. Getragen wurde der als "neolithische Revolution" bezeichnete Umbruch und zivilisatorische Aufstieg von einem tiefgreifenden technischen Fortschritt in der Nutzung der Sonnenenergie: Durch Ackerbau und Viehzucht erweiterte der Mensch seinen Zugriff auf die solaren Energieflüsse planvoll und in einem Maße, das mit der landwirtschaftlich genutzten Fläche zunahm. Die urwüchsige Biomasse wurde durch Holzeinschlag, Jagd und Fischerei zwar weiterhin genutzt, stellte aber nicht mehr die einzige Lebensgrundlage dar. Es entstanden die frühen bäuerlichen Agrargesellschaften mit einem Energiebedarf von ca. 14 kWh pro Kopf und Tag vor 7000 Jahren [4]. Sie produzierten Nahrungsüberschüsse, die einen Teil ihrer Mitglieder freistellten für die Spezialisierung auf Tätigkeiten wie Keramikbrennen, Stein- und Metallbearbeitung. Handwerker traten den Bauern zur Seite, und von beiden getragen erblühten vor etwa 5000 Jahren die ersten agrarischen Hochkulturen mit einem städtisch–gewerblichen Sektor, starker sozialer Schichtung, Handel, Kunst und Schrift. Holz blieb der dominierende Brennstoff. Es war auch die längste Zeit der universelle Werkstoff. Weiterer technischer Fortschritt, diesmal auf der Ebene der Materialien, kam mit den Metallen, erschmolzen und bearbeitet im Feuer. Deren Knappheit und hohe energetische Produktionskosten beschränkten jedoch ihre Verwendung im wesentlichen auf die Übertragung von Kräften

[2] Das Skelett eines Waldelephanten, doppelt so groß wie das des heutigen Elephanten, fand man samt eingedrungenem, feuergehärtetem Eibenspeer 1948 nahe Verden an der Aller.

durch Werkzeuge und Waffen.[3] Als die Eisensichel die Feuersteinsichel ablöste, nahm die Effizienz der Erntearbeit erheblich zu.

Die Erntemenge und ihre pflanzliche Zusammensetzung wird bestimmt von Wetter und Klima, d.h. den kurzfristigen Schwankungen und langfristigen Rhythmen von Sonnenschein und Niederschlag, sowie dem verfügbaren Boden und seinem Gehalt an Stickstoff, Phosphor und anderen nützlichen Spurenelementen einerseits und der Abwesenheit von schädlichen Salzen und Nahrungskonkurrenten ("Ungeziefer, Unkräuter") andererseits. Technische Fortschritte in der Bodenbearbeitung und Erntepflege durch den Menschen, z.B. der Übergang von der hölzernen Hacke zum tiergezogenen Eisenpflug oder die Einführung von Fruchtwechselwirtschaft und Düngung, steigerten die Ernteerträge erheblich. Durch Tierhaltung konnten auch für den Menschen ungenießbare Pflanzen seiner Nahrungskette zugeführt werden. Doch der Wirkungsgrad bei der Bildung tierischer Biomasse beträgt nur 20%. In Zeiten von Nahrungsverknappung durch Bevölkerungswachstum konnte darum durch Umwidmung von Weide- in Ackerland die Produktion von Nahrungsenergie bis um das Fünffache gesteigert werden. Allerdings sind Proteine und Fette auf rein pflanzlicher Basis viel schwieriger als auf tierischer Basis zu beschaffen. Darum tendierten reife Agrargesellschaften zur Haltung solcher Tiere, die geringe Flächenansprüche stellten: Schweine und Hühner, die sich von Abfällen ernähren; Enten und Fische, die im Wasser leben. Um 1400 n. Chr. lag der westeuropäische Energiebedarf bei 30 kWh pro Kopf und Tag.

Abschätzungen für verschiedene landwirtschaftliche Produktionsweisen kommen bei gegebener Nutzfläche unter Einschluß der Brache zu folgenden jährlichen Energieerträgen in kWh pro Hektar [3]:

- Reis mit Brandrodung (Iban, Borneo) 236
- Gartenbau (Papua, Neuguinea) 386
- Weizen (Indien) 3111
- Mais (Mexiko) 8167
- intensive bäuerliche Landwirtschaft (China) 78056

Jäger und Sammler kamen dagegen nur auf 0,2 bis 1,7 kWh pro Hektar und Jahr. Auf der Basis der chinesischen Intensivlandwirtschaft können also fünfzigtausend mal mehr Menschen auf einer gegebenen Fläche leben als unter Jäger- und Sammlerbedingungen.

[3] Als Schmuckmaterial hing ihr Wert vom Aufwand zu ihrer Gewinnung ab: Anfangs war Eisen teurer als Gold.

Energiemengen allein reichen zur Kennzeichnung der Gestaltungsmacht eines Produktionssystems nicht aus. Es kommt auch darauf an, welche Kräfte und Leistungen mit welchen Wirkungsgraden[4] entfaltet werden können.[5] Hier waren den Agrargesellschaften prinzipielle Grenzen durch die tierische und menschliche Muskelkraft gesetzt, die auch durch den Einsatz von Flaschenzügen und schiefen Ebenen, Windmühlen und Wasserrädern nur wenig erweitert werden konnten.

So liegt die Zugkraft des Pferdes bei etwa 14% seines Körpergewichts und beträgt dauerhaft 80 kp. Zum Tiefpflügen werden 120–170 kp und zum Mähen 80–100 kp benötigt. Die Durchschnittsleistung eines Pferdes beträgt 600–700 Watt (W). Pro Tag kann ein Pferd eine Arbeit von 3–6 kWh leisten, wofür es Nahrung mit einem Energiegehalt von knapp 30 kWh fressen muß. Sein energetischer Wirkungsgrad liegt also zwischen 10 und 20%. Zum Verrichten bestimmter mechanischer Arbeiten wurden Göpel verwendet. Maximal vier Esel mit einer Leistung von je 400 W konnte man in der Regel vor einen Göpel spannen, so daß dessen Leistung auf weniger als 2 Kilowatt (kW) beschränkt war. Die energetischen Grenzen des Überlandtransports sind dadurch angedeutet, daß ein Pferd in einer Woche eine Wagenladung Futter frißt: Es war also sinnlos, Pferd und Wagen länger als eine Woche für Futtertransporte einzusetzen.

Die energetischen Wirkungsgrade von Mensch und Pferd ähneln sich. Allerdings beträgt die Durchschnittsleistung eines Menschen nur 50–100 W [6] und damit nur etwa ein Achtel der Leistung eines Pferdes. Doch in einem war und ist der Mensch jedem noch so starken Tier weit überlegen: In der intelligenten Steuerung der in seinem Körper freigesetzten Energien auf die Objekte der Außenwelt zur nützlichen Umformung derselben. So hat des Menschen Hand in Kombination mit der Informationsverarbeitung im menschlichen Gehirn und der geheimnisvollen Macht, die wir Kreativität nennen, höchste kulturelle und technische Leistungen erbracht. Begrenzt waren diese jedoch durch die menschliche Maximalleistung von 100 Watt. Darum benötigten die agrarischen Hochkulturen zum Bau ihrer Pyramiden und Tempel, Schlösser und Burgen und, am allerwichtigsten, zur Bewirtschaftung ihrer Ländereien Massen entrechteter Sklaven, Leibeigener und Höriger, die ihren Herren ein auch nach heutigen Vorstellungen menschenwürdiges Leben ermöglichten.

[4]Wirkungsgrad = Verhältnis von gewonnener Arbeit zu eingesetzter Energiemenge.

[5]Kräfte, multipliziert mit dem Weg, über den sie wirken, und bezogen auf die Zeit, innerhalb derer sie freigesetzt werden, stellen Leistung (im physikalischen und umgangssprachlichen Sinne) dar.

[6]Sie ist also der Leistungsaufnahme konventioneller Glühlampen vergleichbar.

Wasserkraft wurde genutzt zum Flößen von Holz und in Wassermühlen. Die Mühlen mahlten Getreide, betrieben Hammerwerke oder lieferten für sonstige Zwecke mechanische Arbeit. Doch konnte diese Energie durch Stangen, Wellen, Bänder und Räder nicht über Entfernungen von mehr als 1000 Metern übertragen werden.

Windkraft hatte ihre größte Bedeutung im Ferntransport durch Segelschiffe. Während die agrarischen Hochkulturen Asiens – den europäischen auf nicht wenigen Gebieten überlegen und bis Anfang des 16. Jahrhunderts auch wirtschaftlich und militärisch durchaus ebenbürtig – sich auf die Küstenschiffahrt beschränkten, entwickelten die Europäer die hochseetüchtigen Segelschiffe, die zwischen dem 15. und 20. Jahrhundert die Windenergie immer effizienter nutzten und mit Handel und Feuerwaffen die europäische Zivilisation über die Erde verbreiteten.[7]

2.3 Wärmekraftmaschinen und Transistoren

Die Wirtschaft der agrarischen Hochkulturen war flächenabhängig. Nur der Produktionsfaktor Boden konnte die solaren Energieflüsse in die von menschlichem Leben benötigten chemischen Energieformen umwandeln. Bodenbesitz bedeutete, wie heute noch in vielen Entwicklungsländern, wirtschaftliche und politische Macht, die als Feudalherrschaft ausgeübt wurde und wird.

Das europäische Feudalsystem geriet im 17. und 18. Jahrhundert in die Krise. In England brach die Krise zuerst und am schärfsten aus, und England schuf die Technik zu ihrer Überwindung. Fast überall in Europa hatte die Königsmacht, und in den englischen Revolutionen des 17. Jahrhunderts in gewissem Grade sogar schon die Macht der bürgerlichen Städte, den Feudalherren ihren früher dominierenden politischen Einfluß entrissen. In England schrumpfte die landwirtschaftliche Produktion, und die Menschen strömten vom Land in die Städte mit ihrer wachsenden gewerblichen Wirtschaft. Die Masse der billigen Arbeitskräfte ermöglichte die Expansion der arbeitsteiligen Manufakturen, in denen noch weitgehend Handarbeit vorherrschte. In dieser Zeit, genauer: im Jahre 1776, als die Maschinentechnik noch in ihren Anfängen steckte und das

[7] Die Chinesen hatten das Pulver schon etwa 500 Jahre vor den Europäern erfunden, aber nur zu Feuerwerkszwecken genutzt. Doch seit der West-Entdeckung des Schießpulvers durch Berthold Schwarz im 14. Jahrhundert vervollkommneten die Europäer die explosionsartige Freisetzung chemischer Energie in der Waffentechnik bis zum heutigen Tage und sicherten sich dadurch für lange Zeit die militärische und wirtschaftliche Überlegenheit auf der Erde. – Wie anders sähe die Welt heute aus, wenn statt der Europäer die Chinesen Hochleistungssegelschiffe mit Feuerwaffen über die Meere geschickt hätten.

Zeitalter der Eisenbahnen noch nicht einmal ein Traum war, publizierte Adam Smith die Bibel der kapitalistischen Nationalökonomie "The Wealth of Nations". Er konnte gar nicht anders als nur Kapital[8], (menschliche) Arbeit und Boden als Produktionsfaktoren und somit als die Quellen des Reichtums der Nationen zu sehen. Schließlich besaß seine Zeit noch keinen Energiebegriff. Ihr war der Gedanke fremd, daß Wärme, Nahrung, Arbeit und Licht unter dem Begriff der Energie zusammengefaßt werden oder daß Bewegung, Feuer, Wasser, Wind oder Getreide in irgendeiner Hinsicht etwas gemeinsam haben könnten.[9] *So kam es zu dem wissenschaftlichen Verhängnis, daß die Begriffswelt der modernen Nationalökonomie von der Vorstellungswelt der Bauern und Handwerker geprägt wurde.* Kurz nach Adam Smith's Fehlprägung trat dann die Erfindung in den Produktionsprozeß ein, durch die Energie auch zum unmittelbar wirkenden Produktionsfaktor wurde und die das auslöste, was wir heute die Industrielle Revolution nennen: Die Dampfmaschine.

Wärmekraftmaschinen

Vorläufer der 1764 von James Watt erfundenen Dampfmaschine war Newcomens Dampfpumpe, die, mit fossiler Energie betrieben, das Wasser aus den englischen Kohlengruben pumpte und damit immer tiefere und ergiebigere Kohlevorkommen erschloß. Diese speisten dann die seit 1786 industriell einsatzfähige Dampfmaschine, die zum ersten Male die technische Umwandlung von chemischer Energie in mechanische Arbeit ermöglichte. Die kohlebefeuerte Dampfmaschine wurde zum Kraftzentrum der mechanisierten Textilindustrie und des rapide expandierenden Eisenbahnsystems. Bald fand sie ihren Einsatz auch in der eisenschaffenden Industrie, die nach der Erfindung des Puddle Verfahrens zur Verhüttung von Eisen mittels Steinkohle die Eisenproduktion explosionsartig steigerte. Damit war die energetische und stoffliche Basis für Schwerindustrie und Maschinenbau geschaffen, die ihrerseits die Grundlage für die Entstehung und das Wachstum der anderen Industriezweige bildeten.

Von England sprang die industrielle Revolution auf den europäischen Kontinent und Nordamerika über, katapultierte Japan in die Spitzengruppe der Industrieländer, und von ihr erfaßt zu werden ist jetzt das Ziel aller Entwicklungsländer.

Die Dampfmaschine, mit der alles begann, ist inzwischen fast vergessen.

[8]Im wesentlichen von menschlicher und tierischer Muskelkraft, teils im Verbund mit Wind und Wasser, betriebene Ackergeräte, Werkzeuge und Transportmittel.

[9]Erst zwischen 1842 und 1845 formulierte der Arzt Robert Mayer den Satz von der Erhaltung der Energie, und es dauerte geraume Zeit, bis seine bahnbrechende Erkenntnis von den Physikern anerkannt wurde. Um dieselbe Zeit, 1843, hatte der Ingenieur und Brauereibesitzer James Prescott Joule das mechanische Wärmeäquivalent experimentell bestimmt.

Sie ist durch andere, effizientere Wärmekraftmaschinen ersetzt worden, die aus dem allen gemeinsamen Prinzip der zyklisch ablaufenden Verbrennungsprozesse entwickelt wurden und heute die moderne Industrieproduktion antreiben.[10] *Dampfturbinen* sind die Wärmekraftmaschinen mit der größten Leistungsfähigkeit.[11] Sie besorgen die Umwandlung von Wärme in Arbeit über die Getriebe von Maschinen, die Schrauben von Dampfschiffen und die Elektrizitätsgeneratoren von Kraftwerken. Über letztere bewegen sie auch elektrische Maschinen und aktivieren sie elektrische Geräte vom Küchenherd über Aluminiumschmelzen bis zum Computer. *Ottomotoren* treiben Autos, Motorflieger und Boote. *Dieselmotoren* liefern den Antrieb für Traktoren und Mähdrescher, die die Landwirtschaft mechanisierten, Autos und Lastwagen, Lokomotiven und Schiffe und dezentral eingesetzte Elektrizitätsgeneratoren. *Gasturbinen* schließlich stellen den fortschrittlichsten und profitabelsten Typ der Wärmekraftmaschinen dar. Zum einen verrichten sie mechanische Arbeit über Antriebswellen in Hubschraubern, Lokomotiven, Schiffen, Pumpstationen, Gasturbinenkraftwerken und kombinierten Gas– und Dampf(turbinen)kraftwerken. Zum anderen erzeugen sie als Düsentriebwerke den Schub für mehr als 90% des Weltluftverkehrs.

Zweierlei macht die gewaltigen Umwälzungen des ökonomischen Produktionssystems durch die Wärmekraftmaschinen deutlich: zum einen die auf relativ kleiner Fläche dauerhaft verfügbaren Kräfte und Leistungen und zum anderen die Dichte und Ergiebigkeit der durch die Wärmekraftmaschinen erschlossenen fossilen Energien. Der 60 kW Ottomotor eines Mittelklassen-Pkw erbringt etwa das 80fache der Leistung eines Pferdes. Mit einer 80–Liter–Tankfüllung Normalbenzin transportiert er komfortabel vier Personen samt Gepäck über 800 bis 1000 km, wenn es sein muß in einem Tag. Man vergleiche damit Dauer, Unbequemlichkeit, Pferdeaufwand und Futtermengen beim Reisen zu Zeiten der Postkutsche. Auch ein Flächenvergleich ist aufschlußreich: Würde man in Deutschland 20% der landwirtschaftlichen Nutzfläche, also etwa 30 000 km^2,

[10] Das Urbild aller Wärmekraftmaschinen ist die Carnot Maschine. Sie wurde als theoretisches Konstrukt 1824 von dem Ingenieur–Offizier Nicolas Léonard Sadi Carnot in der Arbeit *Réflexions sur la Puissance du Feu et sur les Machines Propres à Developper cette Puissance* konzipiert, um den maximal überhaupt möglichen Wirkungsgrad jeglicher Wärmekraftmaschine als Funktion der Verbrennungs- und der Umgebungstemperatur zu bestimmen. So wurde Versuchen zum Bau von unmöglichen Wärmekraftmaschinen vorgebeugt, die zuvor häufig in Explosionen mit tödlichen Folgen geendet hatten. Aus der einzigen Publikation des 1832 im Alter von 36 Jahren an der Cholera gestorbenen Carnots entwickelte sich die Wissenschaft der Thermodynamik, ohne die unsere moderne technische Welt nicht denkbar ist.

[11] Begrenzt wird diese durch die Korrosion von Stahl bei Temperaturen über 540 ^{0}C.

als Weidefläche für Pferde zur Verfügung stellen, wobei ein Pferd mit einer Leistung von 700 W eine Futterfläche von einem Hektar benötigt, so hätte man eine installierte Pferdeleistung von 2,1 Millionen kW. Die installierte Leistung sämtlicher Automobile in der Bundesrepublik ist bei 40 Mio. Autos einer Durchschnittsleistung von 50 kW um den Faktor 1000 höher. Der Flächenbedarf aller Tankstellen hingegen ist nur ein verschwindend kleiner Bruchteil der 30 000 km^2 Weidefläche.[12] Noch eindrucksvoller wird der Vergleich, wenn man die Dampfturbine eines fossil beheizten Kraftwerks betrachtet: bei einer Leistung von 800 000 kW, also mehr als einem Drittel der hypothetischen Gesamtpferdeleistung, beansprucht sie eine Fläche[13] von lediglich 44 $\times$ 14 m^2. Der Wirkungsgrad moderner Dampfturbinen liegt bei 40%. In Kombination mit Gasturbinen können sogar mehr als 50% und somit das Doppelte bis Dreifache der menschlichen und tierischen Wirkungsgrade erzielt werden.

Ohne die Umwandlung hochkonzentrierter, fossil gespeicherter Sonnenenergie durch Wärmekraftmaschinen in alle Formen der für die Produktion von Gütern und Dienstleistungen benötigten Arbeit gäbe es keine Industriegesellschaft, in der der weitaus größte Teil der Bevölkerung nicht nur mit dem Lebensnotwendigen versorgt ist, sondern sich auch ein Konsumniveau leisten kann, das früher nur den Feudalherren vorbehalten war; ganz zu schweigen von den Dingen, die jenen nicht einmal im Traum eingefallen wären, z.B. Fernreisen in Düsenjets. 1990 stellten die Wärmekraftmaschinen den 60 Millionen Einwohnern der (alten) Bundesrepublik Deutschland Energiedienstleistungen zur Verfügung, die rein rechnerisch der schweren körperlichen Arbeit von 780 Millionen Menschen entsprechen.[14] Insgesamt lag der westdeutsche Energiebedarf unter Einbeziehung der Prozeß- und Raumwärme bei 140 kWh pro Kopf und Tag. Das ist mehr als das Vierfache des Durchschnittsbedarfs mittelalterlicher Bauern und Handwerker, und das bei einer mehr als zehnmal höheren Bevölkerungsdichte.

[12]Das gleiche gilt auch für den anteiligen Flächenbedarf der Erdölförderanlagen, Raffinerien etc.

[13]Der anteilige Flächenbedarf von Schacht- und Transportanlagen ist wiederum vernachlässigbar klein gegen die Weidefläche von 30 000 km^2.

[14]Endenergieumsatz im Jahr 1990: 7400 PJ (Petajoule = 10^{15} Ws). Davon etwa 40 Prozent umgesetzt in Wärmekraftmaschinen (und den angeschlossenen Elektrogeräten, die als Verlängerung der Wärmekraftmaschinen in den Kraftwerken anzusehen sind) entspricht einer Leistung von 822 Milliarden kWh pro Jahr oder 94 Millionen kW. Diese dividiert durch den (Nahrungs-) Energiebedarf eines Schwerstarbeiters von 2,9 kWh pro Tag, d.h. 0,12 kW, ergibt 780 Millionen "Energiesklaven". Dabei wird der Einfachheit halber von der besseren Energieeffizienz der Wärmekraftmaschinen abgesehen.

Hätte Karl Marx, bevor er 1867 "Das Kapital"[15] veröffentlichte, das völlig Neue erkannt, das mit der Dampfmaschine in die Welt gekommen war, hätte er gesehen, daß der Mehrwert in der Produktionssphäre durch Ausbeutung von Energiequellen statt Ausbeutung von Menschen erzeugt werden kann. Der Gesellschaft wäre die Theorie von der Verelendung der Massen im Kapitalismus und dessen zwangsläufigem Zusammenbruch erspart geblieben, und statt den gescheiterten Versuch zur Errichtung einer Diktatur des Proletariats zu erleiden, hätten die Menschen in den ehemals sozialistischen Ländern, wie ihre glücklicheren Zeitgenossen in den marktwirtschaftlichen Demokratien, an dem aus den Energiequellen kreativ geschöpften Mehrwert partizipieren können. Das tragische Nichtverstehen des industriellen Produktionsprozesses durch den Sozialismus zeigt sich symbolhaft auch darin, daß Hammer und Sichel, die Werkzeuge der Handwerker und Bauern der vergangenen Agrarepoche, die Staatsflagge der zweitmächtigsten Industrienation der Erde auf ihrem Weg in den ökonomischen Kollaps geziert hatten.

Transistoren

Zu Beginn der industriellen Revolution standen die Dampfmaschinen in den Fabriken als schwerfällige, lärmende und oft gefährliche Kraftquellen herum. Ihre Bedienung und die zwischen sie und die Endprodukte geschalteten Arbeitsgänge erforderten viele schwer arbeitende Menschen. Die Informationsverarbeitung im menschlichen Gehirn war im Verbund mit der Hand noch immer unverzichtbar für die Steuerung der aus Kohle gewonnenen Energieströme auf die Rohstoffe. Die Arbeitsbedingungen waren miserabel. 1802 hatte der Arbeitstag eines englischen Fabrikarbeiters 15 Stunden, und erst 1833 wurde die Arbeitszeit von Kindern und Jugendlichen per Gesetz eingeschränkt. Nur zu verständlich ist, daß Karl Marx damals von Ausbeutung sprach. Die einzig wesentliche maschinelle Verbindung zwischen den Wärmekraftmaschinen der Fabriken bestand in den Dampflokomotiven des schnell expandierenden Eisenbahnsystems, die Rohstoffe anlieferten und die Produkte abtransportierten. Im Zuge der Elektrifizierung kam jedoch ein neues Element in die Industrieproduktion: die Automation, d.h. die immer engere und raffiniertere elektrische und mechanische Vernetzung der Wärmekraftmaschinen und ihrer peripheren Geräte untereinander zum Zwecke der Arbeitsleistung und Informationsverarbeitung. Die Automation hat im Lauf der industriellen Entwicklung dem Menschen immer mehr Arbeit abgenommen, zuerst die gefährliche und körperlich schwere, aber zunehmend auch solche Tätigkeiten, die die Beschäftigten bei aller "Humanisierung der Arbeitswelt" durchaus gerne

[15](Bd. 1).

behalten und mit einmal erworbener Routine weiter erledigt hätten. So wird inzwischen im Versicherungs- und Bankgewerbe das Wissen von leitenden Angestellten und Anlageexperten in Softwarepaketen zusammengefaßt, die auf gewöhnlichen Desktop Computern laufen. Damit kann in einer Bank ein einziger, relativ schnell angelernter Angestellter als "deal structurer" mit seinem vom Kraftwerksgenerator betriebenen Computer die Arbeit mehrerer Kreditabteilungen erledigen. Ein kleines Heer wohlausgebildeter Spezialisten wird arbeitslos.

Das Schlüsselelement der Automation ist ein Schaltelement, das einen von elektrischen Ladungen getragenen Energieimpuls entweder blockiert oder verstärkt durchläßt, auf diese Weise digitalisierte Information verarbeitet, überträgt und speichert, Schalter öffnet und schließt und Energieströme der verschiedensten Art und Größe dorthin lenkt, wo sie zum Leisten von Arbeit benötigt werden und Bewegungen in Gang setzen oder bremsen.[16] Dieses Schlüsselelement ist der Transistor, entwickelt zwischen den Jahren 1946 und 1948 von John Bardeen, Walter Brattain und William Shockley.

Vorgänger des Transistors in der maschinellen Verkopplung von Arbeitsleistung und Informationsverarbeitung sind Relais und Elektronenröhren. Vergleichsweise gigantisch, massiv, energiehungrig und langsam hätten sie aber schon allein wegen ihres Platzbedarfs die Industrieproduktion nie in dem Maße durchdringen und in Richtung Vollautomation drängen können, wie das inzwischen der effiziente, flinke Winzling Transistor tut. So produzieren jetzt immer weniger Arbeiter und Angestellte, neu qualifiziert für die automatisierte Arbeitswelt, mit immer mehr energiegetriebenen Maschinen immer mehr Güter und Dienstleistungen. In der Begriffswelt, die nur die Produktionsfaktoren Kapital und Arbeit kennt, spricht man von der ständig steigenden Arbeitsproduktivität. Solange trotz steigender Produktivität noch so viele unselbständig Beschäftigte benötigt wurden, daß die Arbeitslosenquote gering und freie Gewerkschaften mächtig waren, konnte in den Tarifverhandlungen die der gestiegenen Produktivität verdankte Wertschöpfung in einer Weise zwischen den Eignern von Kapital und Arbeit aufgeteilt werden, daß in den industriellen Demokratien der Massenwohlstand wuchs und der soziale Friede gesichert war.

Dank des Transistors hat die Automation jetzt allerdings einen Grad erreicht, daß die durch die Brille Adam Smith's getrübte Wahrnehmung der modernen produktionstechnischen Wirklichkeit auch in den demokratischen

[16]Ganz ähnlich gibt das Feuern der Neuronen in den Nervenzellen von Lebewesen die Anweisungen zu Transport und Freisetzung der im Adenosin-Triphosphat gespeicherten chemischen Energie mit der resultierenden Arbeitsleistung von Organen und Gliedmaßen.

Marktwirtschaften verhängnisvolle Folgen haben kann. Dann nämlich, wenn es den neuerstandenen Propheten eines entfesselten Kapitalismus gelänge, die bewährte Macht– und Einkommensverteilung massiv zugunsten derjenigen zu verzerren, die die Besitztitel auf die Anlagen der Energieumwandlung und Informationsverarbeitung halten und die humanen und natürlichen Ressourcen ausschließlich für ihre Individualinteressen in Dienst nehmen.[17]

Für die Beurteilung des neu aufbrechenden Verteilungsproblems ist es hilfreich, die Entwicklung der industriellen Produktion ökonometrisch zu untersuchen und die Mächtigkeit der wirkenden Produktionsfaktoren zu ermitteln.

[17] Der erfolgreichste Spekulant der Nachkriegszeit, George Soros, warnt in seinem Aufsatz *Die kapitalistische Bedrohung*: "Seit der Kommunismus und Sozialismus diskreditiert sind, ist die Doktrin vom 'Laissez–faire–Kapitalismus' gefährlicher als alle totalitären Ideologien. Übertriebener Individualismus, zuviel Konkurrenz und zuwenig Kooperation sind die Feinde der offenen Gesellschaft." s. *Die Zeit* vom 17. Januar 1997, S. 25.

Kapitel 3

Produktion

3.1 Faktoren: Kapital, Arbeit, Energie

Die Ökonomie in der Tradition Adam Smith's führt die industrielle Wertschöpfung[1] auf die Produktionsfaktoren Kapital und Arbeit zurück. Hinzu kommt, daß "zeitgenössische Wirtschaftstheoretiker glauben, daß wissenschaftlicher und technischer Fortschritt in den Industrienationen die quantitativ wichtigste Ursache für Wachstum war und noch ist" [6].[2] In den beiden vorangegangenen Kapiteln haben wir andererseits gesehen, daß die der Erde zugestrahlte Solarenergie, zusammen mit der genetisch programmierten Informationsverarbeitung in den Lebewesen, alles hervorgebracht hat, was auf Erden entstanden ist. Ein extraterrestrischer Beobachter, der seit 3 Mrd. Jahren die Entwicklung des Lebens auf der Erde und den Aufbau des ökonomischen Produktionsapparats verfolgt, kann nur einen von außen in das System eingespeisten, physisch meßbaren Produktionsfaktor registrieren: Energie. Energie ist **der** Produktionsfaktor . Ihr Wirken in der industriellen Ökonomie soll nunmehr quantitativ betrachtet werden.[3]

---

[1] Mit "Wertschöpfung" eines Wirtschaftssektors wird hier der Beitrag dieses Sektors zum Bruttoinlandprodukt bezeichnet.

[2] Der in Agrarwirtschaften wichtige Faktor Boden hat nur noch als Gebäudestandort und Rohstoffquelle eine Bedeutung.

[3] Dieser Abschnitt 3.1 ist eine überarbeitete Version des Aufsatzes *Energie, Wirtschaftswachstum und technischer Fortschritt* von R. Kümmel, D. Lindenberger und W. Eichhorn [5].

3.1.1 Energiepreise

Energie geriet erstmals so richtig ins Blickfeld der Ökonomen, als im Gefolge der vom Jom-Kippur-Krieg ausgelösten ersten Ölkrise der Rohölpreis von knapp 10 US$ pro Barrel im Jahre 1973 auf über 30 US$ im Jahre 1975 sprang und nach kurzer Beruhigung vom irakisch-iranischen Krieg auf über 55 US$ im Jahre 1981 getrieben wurde (alle Angaben in inflationsbereinigten US$ des Jahres 1993). 1985 stürzte der Ölpreis auf 20 $ ab, verharrte bis 1992 mit leichten Fluktuationen auf diesem Niveau [7] und sank dann nochmals. Nach diesem dritten, sog. negativen Ölpreisschock wurden besonders in den USA Forschung und Entwicklung auf dem Gebiet der erneuerbaren Energien und der rationellen Energieanwendung zurückgefahren, und Energiefragen blieben nur noch insofern von ökonomischem Interesse, als die begrenzte Aufnahmekapazität der Biosphäre für Emissionen aus Energieumwandlungsprozessen immer deutlicher von Wissenschaft und Öffentlichkeit als Problem erkannt wird [8, 9, 10].

Der Rückgang des die Preise der anderen Energieträger maßgeblich beeinflussenden Ölpreises ließ die Frage nach dem Zusammenhang zwischen Energieeinsatz und Wirtschaftswachstum wieder weit in den Hintergrund treten, wohin sie nach Ansicht zahlreicher Ökonomen auch gehört, weil Energie im Vergleich zu Kapital und Arbeit so billig ist, daß ihr ökonomischer Einfluß nur marginal sein könne. In einer kritischen Auseinandersetzung mit der These, daß der Konjunktureinbruch in den marktwirtschaftlich orientierten Industrieländern[4] während der Jahre 1973 bis 1975 mit der in dieselbe Zeit fallenden ersten Ölpreisexplosion zusammenhängen könnte, formulierte das der Ökonometer Edward F. Denison quantitativ folgendermaßen: "Energy gets about 5 percent of the total input weight in the business sector ... the value of primary energy used by nonresidential business can be put at $42 billion in 1975, which was 4.6 percent of a $ 916 billion nonresidential business national income. ... If ... the weight of energy is 5 percent, a 1-percent reduction in energy consumption with no change in labor and capital would reduce output by 0.05 percent" [11]. M.a.W.: Da die Energiekosten im industriellen Sektor der USA weniger als 5 Prozent der Wertschöpfung (sowie auch der Gesamtfaktorkosten) in diesem Sektor ausmachen und *die (neoklassische) Ökonomie postuliert, daß der Beitrag eines Produktionsfaktors zur Wertschöpfung im wesentlichen seinem Kostenanteil entspricht*, könne der empirisch festgestellte und in Abb.

[4]Die Abb. 3.1 – 3.3 zeigen diesen Einbruch, wie ihn die Volkswirtschaftlichen Gesamtrechnungen der USA, Japans und Deutschlands empirisch ausweisen und wie er von der weiter unten berechneten *LINEX* Produktionsfunktion theoretisch nachvollzogen wird.

3.1 gezeigte Rückgang des Energieeinsatzes um 7,3% im Sektor "Industries" der USA zwischen 1973 und 1975 nicht mit dem beobachteten Rückgang der Industrieproduktion um 5,3% zusammenhängen. Ähnliche Kostenverhältnisse wie in den USA liegen auch in den anderen hochindustrialisierten Ländern vor. So beliefen sich im industriellen Sektor "Warenproduzierendes Gewerbe" der alten BR Deutschland die Faktorkosten in den Jahren 1970 bzw. 1981 für Kapital auf 81 bzw. 156 Mrd. DM, für Arbeit auf 213 bzw. 258 Mrd. DM und für Primärenergie auf 11 bzw. 30 Mrd. DM; (DM-Angaben inflationsbereinigt, Wert 1970). Das bedeutet: 1970, als der Ölpreis sein langjähriges Minimum hatte, lag der Anteil der Energiekosten an der Summe der Faktorkosten bei 3,5 Prozent, und 1981, im Ölpreismaximum, machten die industriellen Energiekosten 7 Prozent der Gesamtkosten aus. Entsprechend gewichten auch die modernen ökonomischen Allgemeinen Gleichgewichtsmodelle zur Untersuchung der Wechselwirkungen zwischen Wirtschaft, Energie und Umwelt den Beitrag der Energie zur industriellen Wertschöpfung gemäß ihrem (geringen) Anteil an den gesamten Faktorkosten, während Kapital mit ca. 30 Prozent und die menschliche Arbeit mit mehr als 60 Prozent zu Buche schlagen. Mit dieser Gewichtung der Produktionsfaktoren kann man allerdings die tatsächlich beobachtete Wirtschaftsentwicklung quantitativ nicht beschreiben. Es bleibt ein großer, unerklärter Rest, den man dem "technischen Fortschritt" zuschreibt, s.o.[5]

3.1.2 Energie und technischer Fortschritt

Dem technischen Fortschritt trauen viele Ökonomen die Lösung (fast) aller Probleme zu. In seiner Presidential Address "Economics among the Sciences" anlässlich der 91. Jahrestagung der American Economics Association 1978 berichtete der Nobelpreisträger für Wirtschaftswissenschaften Tjalling Koopmans über die Schwierigkeiten, die Naturwissenschaftler, Ingenieure und Ökonomen in interdisziplinärer Zusammenarbeit (u.a. über Energieprobleme) miteinander haben. Zum Schluß zitiert er einen Naturwissenschaftler mit den

[5]Nach Ansicht Gahlens macht dieses Vorgehen die neoklassische Produktionstheorie tautologisch [12]. Neuere Versuche, den Ursachen des Residuums 'technischer Fortschritt' auf den Grund zu gehen, werden seit der Mitte der 80er Jahre im Rahmen der sog. Neuen Wachstumstheorie gemacht. Dazu jedoch der amerikanische Ökonom Howard Pack: "But have the recent theoretical insights succeeded in providing a better guide to explaining the actual growth experience than the neoclassical model? This is doubtful" [13]. Alternativ wird vorgeschlagen, man "solle sich verstärkt um die Entwicklung in den Naturwissenschaften kümmern, weil dort die Fundstelle für eigene Theoriebildung im Bereich des technischen Fortschritts anzutreffen sei" [14].

Worten: "Economists are technological radicals. They assume everything can be done" [15]. Was in der Tat für möglich gehalten wird, zeigt die folgende Begebenheit. Auf einer internationalen Konferenz über natürliche Ressourcen wies ein jüngerer Wirtschaftswissenschaftler in einem Vortrag darauf hin, daß man wegen des ersten Hauptsatzes der Thermodynamik Energie nicht beliebig durch Kapital substituieren kann. Da unterbrach ihn zornig ein hochangesehener amerikanischer Ökonom und erklärte: "You must never say that. There is always a way for substitution."

In seiner Ansprache zitierte Koopmans auch einen Ingenieur mit den Worten: "Economics is not dismal but incomplete. The things missed are very important." Gemeint war damit die fehlende Einbeziehung des Umweltschutzes in die ökonomische Analyse. Das hat sich inzwischen geändert [16, 17], auch wenn der Zusammenhang von Entropieproduktion, Ressourcenverbrauch und Emissionen noch nicht gründlich genug behandelt wird. Darauf weisen ökologische Ökonomen immer eindringlicher hin [18, 19]. Doch noch ein weiteres fehlt in der traditionellen ökonomischen Analyse: Der Zusammenhang von Energienutzung und technischem Fortschritt, wie er im vorangegangenen Kapitel beschrieben wurde.

Wie in Kapitel 2 dargestellt, geht technischer Fortschritt einher mit der Entwicklung neuer Verfahren der Energienutzung und –umwandlung. Seit der industriellen Revolution schlägt sich das nieder in immer neueren energiegetriebenen Maschinen und Geräten, die Arbeit leisten, Prozeßwärme bereitstellen und Information verarbeiten. Sie erzeugen völlig neue Produkte und geben dem Energieeinsatz immer weiteren Raum – häufig unter Ersetzung der menschlichen Arbeit, an die andererseits bei wachsendem Energieeinsatz oft höhere oder neue Qualifikationsanforderungen gestellt werden. Auch in der Infrastruktur eines Wirtschaftssystems zeigt sich der technische Fortschritt und seine Energiegebundenheit: Ein gut ausgebautes und gepflegtes Verkehrs– und Telekommunikationsnetz ist die Voraussetzung für den effizienten Transport von Gütern und Dienstleistungen mit Hilfe von energiegetriebenen Motoren und Transistoren.[6] Somit ist die industriell genutzte Energie nicht nur der Produktionsfaktor, ohne den keine industrielle Verarbeitung von Rohstoffen zu Konsum- und Investitionsgütern möglich ist, sondern ihre Kombination mit den beiden anderen Produktionsfaktoren Kapital und Arbeit erfaßt auch den Teil des technischen Fortschritts, der im weiteren "faktorgebundener techni-

[6]So liegen die Produktionskosten für einen Bus in Polen nur um 20% unter denen in Deutschland, obwohl die polnischen Lohnkosten nur den siebten Teil der deutschen betragen. Die bessere deutsche Infrastruktur macht einen Großteil des polnischen Lohnkostenvorteils wieder wett.

scher Fortschritt" genannt wird. Davon unterschieden wird der "ungebundene technische Fortschritt", der auf jenem unvorhersehbaren Beitrag menschlicher Kreativität zur ökonomischen Entwicklung in Form von Erfindungen, Ideen und Wertentscheidungen beruht, den keine lernfähige Maschine erbringen kann.[7]

Wie gesagt postulieren die Ökonomen, die Energie als Produktionsfaktor gelten lassen [20],[8] daß der Beitrag der Energie zur Wertschöpfung ihrem Anteil an den gesamten Faktorkosten, also typischerweise etwa 5 Prozent, entspricht. Doch die Betrachtung von Energie und technischem Fortschritt legt die Frage nahe, ob man die Produktionsmächtigkeit der Energie nicht direkt aus der beobachteten Wirtschaftsentwicklung und ihrer mathematischen Beschreibung herauslesen kann, ohne sich von vorneherein auf monetäre Gewichtungspostulate festzulegen. Daß man dabei zu möglicherweise ganz anderen Schlüssen kommen kann, läßt der folgende fiktive Dialog zwischen einem Ökonomen und einem Ingenieur erwarten. Darin werden die anschaulichen Vorstellungen entwickelt, die der sich anschließenden Wachstumstheorie zugrunde liegen.

Ingenieur: Kürzlich fiel mir ein Aufsatz der Ökonomen Binswanger und Ledergerber aus dem Jahre 1974 [23] in die Hände, in dem sie schreiben, daß der entscheidende Fehler der traditionellen Ökonomie die Außerachtlassung der Energie als Produktionsfaktor ist. Stimmt das?

Ökonom: Es stimmt, daß sie das geschrieben haben. Aber es stimmt nicht, daß die Außerachtlassung der Energie ein entscheidender Fehler ist. Viele Ökonomen berücksichtigen Energie, aber nicht als einen Produktionsfaktor wie Kapital und Arbeit, sondern als einen intermediären Faktor, etwa wie ein Schmiermittel.

Ingenieur: Wie ein Schmiermittel?! Das kann doch nicht ernst gemeint sein. Schmiermittel werden in Maschinen benutzt, um Energiedissipation zu verringern und die beweglichen Teile zu schützen. Aber nichts würde sich in irgendeiner Maschine überhaupt bewegen, wenn man nicht Energie einspeisen würde. Die Wärmekraftmaschinen und Transistoren, die gewissermaßen die "Herzen und Neuronen" des Kapitalstocks darstellen, würden kein Joule Arbeit leisten und kein Bit Information verarbeiten, wenn man ihnen nicht die dafür erforderliche Energie zuführte. Um eine Vorstellung davon zu geben,

[7] Die Entwicklung und der kommerzielle wie militärische Einsatz der hochseetüchtigen Segelschiffe, die die Vormachtstellung Europas im Welthandel begründeten, sowie die Erfindungen der Wärmekraftmaschinen und des Transistors sind Beispiele für den ungebundenen technischen Fortschritt.

[8] Oft allerdings nur indirekt und im Verbund mit den Materialien auf der Ebene der sog. Vorleistungen.

was wir der Energie verdanken, nur eine Angabe: Jedem Bürger der industriell entwickelten Länder stellen die Wärmekraftmaschinen und andere Energieumwandlungsanlagen Energiedienstleistungen zur Verfügung, die rein rechnerisch der schweren körperlichen Arbeit von 10 bis 30 Sklaven entsprechen – ganz zu schweigen vom Fliegen oder der elektronischen Datenverarbeitung, die es überhaupt nicht gäbe, wenn, wie in der Agrargesellschaft Adam Smiths, nur Arbeiter mit ihren Werkzeugen produzieren würden.

Ökonom: Das sind die typischen Argumente von Ingenieuren und Naturwissenschaftlern, die keine Ahnung davon haben, worum es in der Ökonomie geht. Natürlich weiß jeder, daß Maschinen ohne Energie nicht laufen. Aber das ist Ihre, nicht unsere Sache. Wir Ökonomen sind an den Preisen der Güter und Dienstleistungen interessiert, die deren Austausch gemäß dem Prinzip von Angebot und Nachfrage regeln. Wenn nun der Energiepreis niedrig ist, wird er auch nur geringen Einfluß auf den Preis der Güter und Dienstleistungen haben, die mit Hilfe von Energie erwirtschaftet werden. Deshalb ist der Anteil der Energie an der monetär bewerteten industriellen Wertschöpfung genau so gering wie es z.B. die Allgemeinen Gleichgewichtsmodelle annehmen, wenn sie postulieren, daß die Grenzproduktivitäten der Faktoren Kapital, Arbeit und Energie genau ihren Marktpreisen entsprechen.

Ingenieur: Ich verstehe. Und ich müßte Ihnen recht geben, wenn unsere Wirtschaft statisch wäre. Aber sie ist dynamisch. Kurzfristig schwankt der Kapitalauslastungsgrad, und langfristig erhöht der technische Fortschritt den Automationsgrad. So investierte zwischen 1960 und 1995 die bundesdeutsche Wirtschaft im Mittel etwa so viel in Rationalisierung wie in Kapazitätserweiterung. Zunehmend wird dem Menschen das Leisten physischer Arbeit und die Verarbeitung von Information durch energiegetriebene Maschinen abgenommen, d.h. Kapital und Energie substituieren die teuere Arbeit, auf die (immer noch) 60 bis 70 Prozent der Faktorkosten entfallen. Betrachten wir die Entwicklung in einer solchen Wirtschaft zwischen zwei Zeitpunkten t und $t + \Delta t$. Zum Zeitpunkt t wird der Preis eines Produkts wesentlich bestimmt durch den Preis und die Menge der menschlichen Arbeit, die an seiner Erzeugung beteiligt war. Nehmen wir nun an, daß zwischen t und $t + \Delta t$ der Kapitalstock bei gleichgroßen Abgängen und Investitionen wertmäßig konstant bleibt, sein Automationsgrad aufgrund von Rationalisierungsmaßnahmen aber steigt, so daß eine viel größere Menge des Produkts von der gleichen (oder geringeren) Menge (teurer) Arbeit und einer größeren Menge (billiger) Energie bei also nur geringfügig gestiegenen Faktor-Gesamtkosten produziert wird. Bleibt der Marktpreis der Produkteinheit zwischen t und $t + \Delta t$ konstant, so ist durch den zusätzlichen Energieeinsatz in Verbindung mit erhöhter Automation und häufig besserer Auslastung ein großer zusätzlicher ökonomischer Mehrwert geschaffen worden, der weit über den zusätzlichen Energiekosten liegt. So trägt in dynamischen Volkswirtschaften die Energie im strikt ökonomischen Sinne erheblich zur Wertschöpfung bei. Spekulanten wissen das. Feuert eine schwarze Zahlen schreibende Firma einen Teil ihrer Arbeiter und ersetzt sie durch energiegetriebene, arbeitsleistende und informationsverarbeitende Maschinen, steigt ihr Kurswert an der Börse. Zusätzlich zeigt auch die auf kurzen Zeitskalen ablaufende Konjunkturdynamik mit ihren Schwankungen des Kapitalauslastungsgrades die Produktionsmächtigkeit der Energie: Bei konjunkturellen Aufschwüngen ist es in den meisten Fällen ausschließlich der steigende Energieeinsatz, der wachsende Kapitalauslastung und Güterproduktion bewirkt.

Ökonom: Hm, das sind doch alles nur qualitative Spekulationen. Sie müßten das durch quantitative Analysen beweisen. Dabei wäre noch zu klären, in welchem Sinne Kapital, Arbeit und Energie überhaupt als voneinander unabhängige Variable betrachtet werden dürfen. Und außerdem – wie würden Sie den technischen Fortschritt behandeln?

Ingenieur: Unabhängige Variable werden durch unternehmerische Entscheidungen festgelegt. Wie gerade diskutiert, bestimmt der Unternehmer die Höhen von Kapitalstock, Automationsgrad und Auslastungsgrad durch Investitionen und Veränderungen des Arbeits– und Energieeinsatzes. In dem Maße wie erstere unabhängige Variable sind, sind es auch letztere. Bei gegebenem Stand der Technik gibt es natürlich für die Veränderungen technisch–ökonomische Grenzen. Doch innerhalb dieser Grenzen können Kapital, Arbeit und Energie unabhängigig voneinander variieren. Zudem erweitert der technische Fortschritt diese Grenzen im Rahmen des naturgesetzlich Möglichen. Dabei hat er zwei Komponenten: Die erste hängt mit der wachsenden Automation zusammen und sollte durch sich ändernde Kombinationen der Einsatzmengen von Kapital, Arbeit und Energie bei festem Auslastungsgrad erfaßt werden. Die zweite Komponente entspringt der menschlichen Kreativität und sollte sich *ex post* in zeitlichen Veränderungen von Systemparametern äußern.

Ökonom: Und Sie würden erwarten, daß der größte Teil des Wachstums durch das Wachstum von Kapital, Arbeit und Energie erklärt werden kann, während die Kreativität Veränderungen bewirkt, die auf kurzen Zeitskalen gering, aber auf langen Zeitskalen entscheidend sind?

Ingenieur: Genau! Können Sie nicht diese Vorstellung in den ökonometrischen Formalismus einführen – ohne monetäre Vorurteile hinsichtlich der Produktionsmächtigkeit der Energie? Wäre das denn schwer?

Ökonom: Ganz und gar nicht. Nur bräuchte man angemessene begriffliche Grundlagen und gute Daten.

3.1.3 Energie und Wirtschaftswachstum

Die folgende Analyse, deren Grundlagen detaillierter in [22] dargestellt sind, ist das Ergebnis naturwissenschaftlich–ökonomischer Wechselwirkung im Sinne dieses Dialogs. Sie geht davon aus, daß das technische Maß der industriellen **Wertschöpfung** Q in dem gewichteten Produkt von Arbeitsleistung (incl. Prozeßwärmeerzeugung) und Informationsverarbeitung besteht, die für Q aufgewendet werden müssen [22 b)]. Ähnlich kann das (Produktiv-) **Kapital** K, der sog. Kapitalstock eines Wirtschaftssystems, d.h. die Maschinen und sonstigen Energieumwandlungsanlagen samt aller zu ihrem Schutz und Betrieb benötigten Installationen, auf der technischen Ebene durch seine Fähigkeit zur Arbeitsleistung und Informationsverarbeitung definiert werden. Praktisch, d.h. in den Volkswirtschaftlichen Gesamtrechnungen, werden Q und K in inflationsbereinigten monetären Einheiten ($, Yen, DM) gemessen, die in sog. Wachstumsintervallen, s.u., per definitionem proportional zu den technischen Einheiten sind. Wie üblich wird die menschliche (Routine-) **Arbeit** L in Arbeitsstunden pro Jahr o.ä. und die **Energie** E in z.B. Tonnen Steinkohleeinheiten (t SKE) oder Petajoule (PJ) pro Jahr gemessen. Als zweckmäßig hat sich die Verwendung normierter, dimensionsloser Variabler

$$q = \frac{Q}{Q_0}, \qquad k = \frac{K}{K_0}, \qquad l = \frac{L}{L_0}, \qquad e = \frac{E}{E_0} \tag{3.1}$$

erwiesen, wobei die mit 0 indizierten Größen die Mengen in dem jeweiligen Basisjahr sind. Sie werden in den Abb. 3.1–3.3 explizit angegeben.

Wachstumsmodell

In diesen Variablen wird die (normierte) industrielle Wertschöpfung, d.h. der (normierte) industriell erwirtschaftete Teil des Bruttoinlandprodukts einer Volkswirtschaft, mittels einer hinreichend oft differenzierbaren **Produktionsfunktion** $q = q(k, l, e; t)$ in Abhängigkeit von der Zeit t und den zeitlich veränderlichen Mengen der (normierten) Produktionsfaktoren $k(t), l(t), e(t)$ beschrieben. Diese Mengen werden durch die marktbeeinflußten unternehmerischen Entscheidungen über Kapazitätserweiterung, Automation und Auslastung festgelegt. Im Rahmen der thermodynamischen und technisch–ökonomischen Grenzen sind sie also unabhängige, von außen vorzugebende Variable.

Aus dem totalen Differential der Produktionsfunktion $q(k, l, e; t)$ erhält man nach einer elementaren Umformung die **Wachstumsgleichung**

$$\frac{\mathrm{d}q}{q} = \alpha \frac{\mathrm{d}k}{k} + \beta \frac{\mathrm{d}l}{l} + \gamma \frac{\mathrm{d}e}{e} + \frac{\partial \ln q}{\partial t} \mathrm{d}t. \tag{3.2}$$

Die Funktionen

$$\alpha(k,l,e) \equiv \frac{k}{q}\frac{\partial q}{\partial k}, \qquad \beta(k,l,e) \equiv \frac{l}{q}\frac{\partial q}{\partial l}, \qquad \gamma(k,l,e) \equiv \frac{e}{q}\frac{\partial q}{\partial e} \tag{3.3}$$

geben die Gewichte an, mit denen die Wachstumsraten der einzelnen Produktionsfaktoren zum Wachstum der Wertschöpfung beitragen.[9]

Der Term $\frac{\partial \ln q}{\partial t}dt$ in der Wachstumsgleichung (3.2) ist schwierig und bedarf der besonderen Behandlung, weil ihn der – auf die menschliche Kreativität zurückgehende – "ungebundene technische Fortschritt" bestimmt und weil das Wirken der Kreativität keinen deterministischen Gesetzen unterworfen ist, die eine eindeutige mathematische Modellierung erlauben. Nun gibt es in der theoretischen Physik ein bewährtes, pragmatisches Verfahren für den Umgang mit schwierigen Termen, die es verhindern, Differentialgleichungen zur Beschreibung der zeitlichen Entwicklung physikalischer Systeme exakt zu lösen: die Störungstheorie. Diese nimmt an, daß der schwierige Term zuerst einmal vernachlässigt werden kann. Dann berechnet man ohne ihn die Zeitentwicklung des Systems als sog. nullte Näherung, vergleicht das theoretische Ergebnis mit dem experimentellen Befund, und wenn man Glück hat, weicht schon die nullte Näherung nicht allzusehr von den beobachteten Daten ab. Glück hat man dann, wenn der schwierige Term im Rahmen des betrachteten Problems nur eine kleine Störung des Systems darstellt.[10] In der Regel führen aber selbst kleine Störungen nach hinreichend langen Zeiten zu deutlichen Abweichungen der nullten Näherung von den experimentellen Beobachtungen.[11] Um dies zu korrigieren, verbessert man die nullte Näherung zur sog. ersten Näherung, in der der schwierige Term in einer geeigneten Form näherungsweise berücksichtigt wird.[12] Dann vergleicht man die erste Näherung wieder mit der Empirie,

---

[9] Bei Samuelson [6], Bd. II, S. 499, hat die entsprechende Wachstumsgleichung folgende Form: **Prozentuales Wachstum von q = $\alpha\times$(prozentuales Wachstum von k) $+\beta\times$(prozentuales Wachstum von l) + technischer Fortschritt**. Samuelson setzt $\alpha = 1/4$ und $\beta = 3/4$ entsprechend der Verteilung des Volkseinkommens auf Kapital k und Arbeit l, s. auch Abschnitt 4.2. An die Stelle des bei Samuelson nicht weiter spezifizierten Terms "technischer Fortschritt" treten in Gl. (3.2) der dem faktorgebundenen technischen Fortschritt zugeordnete, vollständig quantifizierte Energiebeitrag $\gamma\frac{de}{e}$ und der durch den ungebundenen technischen Fortschritt bedingte Term $\frac{\partial \ln q}{\partial t}dt$.

[10] Daher der Name Störungstheorie.

[11] Darauf hat in den letzten Jahren auch die Chaostheorie mit besonderem Nachdruck hingewiesen.

[12] Das kann z.B. dadurch geschehen, daß man Größen, die in den nullten Näherungen Konstanten sind, zeitabhängig werden läßt. Ähnlich verfährt die "Variation der Konstanten" genannte Methode der Mathematik zur Lösung inhomogener Differentialgleichungen.

und wenn zwischen beiden während der interessierenden Zeitspanne nur noch akzeptabel kleine Differenzen bestehen, ist man zufrieden und fertig.

Entsprechend gehen wir auch hier vor. Wir nehmen also an, gewissermaßen in nullter Näherung, daß die Auswirkungen des ungebundenen technischen Fortschritts während einer *Wachstumsintervall* T genannten Zeitspanne vernachlässigt werden können. Die mathematisch sehr wichtige Konsequenz dieser Näherung ist, daß wir nunmehr die Wertschöpfung q als eine analytische Funktion der Faktoren k, l und e ohne explizite Zeitabhängigkeit betrachten können, weil nur die kausal–deterministischen Gesetze der klassischen Physik ihre Erzeugung durch die Produktionsfaktoren bestimmen: $q = q(k, l, e)$. Wenn ungebundener technischer Fortschritt nicht mehr vernachlässigbar ist und z.B. durch eine zeitweise Zeitabhängigkeit von Technologieparametern in der Produktionsfunktion modelliert werden kann, findet ein Übergang in ein neues Wachstumsintervall statt. Wir werden sehen, daß in den betrachteten Produktionssystemen der USA, Japans und Deutschlands ein Wachstumsintervall einen Zeitraum von ca. ein- bis eineinhalb Dekaden umfaßt.

Im weiteren werden Produktionsfunktionen zuerst unter der Annahme

$$\frac{\partial \ln q}{\partial t} \mathrm{d}t = 0 \tag{3.4}$$

berechnet. Anschließend wird der Vergleich zwischen Theorie und Empirie zeigen, daß diese Annahme zu durchaus brauchbaren nullten Näherungen führt und man aus diesen unter Zulassung (zeitweiser) expliziter Zeitabhängigkeiten noch bessere erste Näherungen erhält.

Die Funktionen α, β und γ in Gl. (3.2) heißen in der Ökonomie **Produktionselastizitäten (PE)** und werden dort in der Regel gleich den Anteilen der Faktorkosten an den Gesamtkosten, also z.B. $\gamma = 0,05$, gesetzt.[13]

Im Unterschied dazu bestimmen wir diese entscheidenden Größen aus den folgenden Bedingungen: 1. Die Produktionsfunktion ist linear–homogen[14], d.h., die PE summieren sich zu 1; sie dürfen keine technologisch–ökonomisch unsinnigen negativen Werte annehmen. 2. Wegen der geforderten Analytizität der Produktionsfunktion innerhalb eines Wachstumsintervalls sind deren gemischte zweite Ableitungen unabhängig von der Differentiationsreihenfolge. Diese Bedingung, die in der Thermodynamik auf die Maxwell–Relationen führt, ergibt hier ein System von drei gekoppelten partiellen Differentialgleichungen, denen die PE genügen müssen [22]. 3. Die freien Parameter in technologisch plau-

[13] Wie wir sehen werden, ist dieser "Faktorkostenansatz" fragwürdig; er unterschätzt γ erheblich.

[14] Bei Verdopplung aller Produktionsfaktoren verdoppelt sich die Wertschöpfung.

siblen Lösungen dieser Differentialgleichungen[15] werden durch Anpassung der Produktionsfunktion an empirische Zeitreihen der Wertschöpfung bestimmt.

Das aus Bedingung 2. folgende Differentialgleichungssystem

$$k\frac{\partial\alpha}{\partial k}+l\frac{\partial\alpha}{\partial l}+e\frac{\partial\alpha}{\partial e} = 0, \tag{3.5}$$

$$k\frac{\partial\beta}{\partial k}+l\frac{\partial\beta}{\partial l}+e\frac{\partial\beta}{\partial e} = 0, \tag{3.6}$$

$$l\frac{\partial\alpha}{\partial l} = k\frac{\partial\beta}{\partial k}. \tag{3.7}$$

hat als (nach konstanten PE) einfachste Lösungen die Funktionen

$$\alpha = a_0\frac{l+e}{k}, \qquad \beta = a_0(c_t\frac{l}{e}-\frac{l}{k}), \qquad \gamma = 1-\alpha-\beta. \tag{3.8}$$

Dies α präzisiert, was die Ökonomen Binswanger und Ledergerber qualitativ so formulieren: "Die Energie ersetzt und ergänzt die Arbeit und erweitert gleichzeitig die Produktionskapazität" [23]. Auf diese Weise wird das Gesetz des abnehmenden Ertragszuwachses, jene "berühmte technisch–ökonomische Relation" [6], von Kapital und Arbeit auf die Kombination der Faktoren Kapital, Arbeit *und* Energie übertragen. Demzufolge trägt eine Zunahme des Kapitalstocks k (bei fehlendem ungebundenem Fortschritt) immer weniger zum Wachstum der Wertschöpfung q bei, wenn Arbeit und Energie, die das Kapital ja betreiben, nicht entsprechend mitwachsen. Erhöht jedoch ungebundener technischer Fortschritt die Energieeffizienz des Kapitalstocks, z.B. durch Wirkungsgradverbesserungen von Wärmekraftmaschinen, Investitionen in Techniken der rationellen Energieverwendung oder auch Umstrukturierung der Produktion auf weniger energieintensive Produkte, dann ändern sich entsprechend die zwei Technologieparameter a_0 und c_t in den Lösungen (3.8). $2a_0$ ist die Produktionselastizität des Kapitals im Basisjahr (und allen anderen Jahren, in denen $k = l = e = 1$ gilt), und $1/c_t$ ist ein Maß für die Energieeffizienz des Kapitalstocks in dem folgenden Sinne. Sollte innerhalb eines Wachstumsintervalls die gesamte Wertschöpfung vollautomatisch (mit minimalem l) produziert werden, so daß in Gl. (3.8) $\beta = 0$ sein muß, so bedürfte das eines Kapitalstocks mit einer durch das Produktionsvolumen bestimmten (normierten) Größe k_t.[16] Der (normierte) Energiebedarf e_t des vollausgelasteten, total automatisierten Kapitalstocks ist proportional zu k_t: $e_t = c_t k_t$, so

[15] Alle Lösungen der drei Dgln. müssen Funktionen von l/k und e/k sein.

[16] Dessen Raum– und Energiebedarf wäre zur Zeit der Elektronenröhren wesentlich größer gewesen als in der heutigen Zeit der Mikrochips.

daß die Proportionalitätskonstante c_t die Bedeutung des spezifischen Energiebedarfs bzw. der inversen Energieeffizienz von k_t hat.

Setzt man α, β und γ aus Gl. (3.8) in Gl. (3.2) ein und integriert diese unter Beachtung der Gl.(3.4) , so erhält man die erste *LINEX*-Produktionsfunktion

$$q_{L1} = q_0 e \exp\left[a_0(2 - \frac{l+e}{k}) + a_0 c_t(\frac{l}{e} - 1)\right], \qquad (3.9)$$

derzufolge die (normierte) industrielle Wertschöpfung q *lin*ear mit der Energie und *ex*ponentiell mit Quotienten der (normierten) Faktoreinsatzmengen variiert.[17] Mit konstanten Parametern a_0, c_t und q_0 löst die *LINEX*-Funktion die Wachstumsgleichungen in nullter Näherung bezüglich der Störung $\frac{\partial \ln q}{\partial t} dt$. Kurzzeitige Veränderungen dieser Parameter werden den Einfluß der Störung in erster Näherung modellieren.

Theorie und Empirie

Die Integrationskonstante q_0 und die beiden Technologiekonstanten a_0 und c_t werden durch Anpassung der *LINEX*-Funktion an Zeitreihen beobachteter Wirtschaftsentwicklung bestimmt.[18] Dabei werden die von den Volkswirtschaftlichen Gesamtrechnungen (VGR), Arbeitsmarktstatistiken (AS) und Energiebilanzen (EB) jährlich ausgewiesenen Werte von k, l und e zugrunde gelegt. Die Untergliederung nach wirtschaftlichen Sektoren ist in den VGR, AS und EB nicht die gleiche. Deshalb konnten nur solche Sektoren betrachtet werden, für die sich konsistente Datensätze erheben ließen. Relativ einfach war das für den industriellen Sektor "Warenproduzierendes Gewerbe" (GWG) der alten Bundesrepublik Deutschland, für den auch die Voraussetzungen der Theorie am besten zutreffen. Die Wertschöpfung dieses Sektors liegt im Zeitmittel bei knapp 50 Prozent des Bruttoinlandprodukts (BIP). Für die USA und Japan hingegen konnten selbst mit der Unterstützung amerikanischer und japanischer Energiewissenschaftler "vor Ort" nur konsistente Daten für die Sektoren "Industries" gewonnen werden, die in den USA 80 Prozent und in Japan 90 Prozent des BIP erwirtschaften. Diese Sektoren enthalten auch den Dienstleistungssektor, der besonders in den USA in den letzten 15 Jahren stark

---

[17] Das allgemeinste Integral der Wachstumsgleichung mit α und β als Funktionen von l/k und e/k ist (bei Beachtung von Gl.(3.4)) die (homothetische) Produktionsfunktion $q = ef(l/k, e/k)$, mit $d\ln f = \beta d\ln(l/k) - (\alpha + \beta) d\ln(e/k)$ [22 c)].

[18] Dabei handelt es sich um eine nichtlineare Anpassung mit den Nebenbedingungen $\alpha \geq 0, \beta \geq 0, 0 \leq \alpha + \beta < 1$. **Diese Ungleichungen begrenzen die zulässigen Faktorquotienten in den Gln. (3.8) und (3.9).** Sie tragen auch der Tatsache Rechnung, daß der Energie–Kapital–Substitution thermodynamische Grenzen gesetzt sind und die Kapitalauslastung nicht über 1 gesteigert werden kann.

expandierte[19] und in dem die Voraussetzungen der Theorie weniger gut erfüllt sind. Die empirischen Zeitreihen der eingesetzten Produktionsfaktoren und der tatsächlichen Wertschöpfung und das mit diesen und der *LINEX*–Funktion theoretisch berechnete Wachstum der Wertschöpfung während dreier Dekaden sind in den Abb. 3.1 - 3.3 für die USA, Japan und Deutschland dargestellt.[20] Die theoretischen Kurven in diesen Abbildungen sind die ersten Näherungen bezüglich des Kreativitätsterms $\frac{\partial \ln q}{\partial t}dt$, weil in ihnen eine Veränderung der Parameter a_0, c_t und q_0 zwischen 1977 und 1978 zugelassen wird. Das modelliert auf einfachste Weise die Reaktion der drei Länder auf die erste Ölpreisexplosion. Die nullten Näherungen ohne eine Neuanpassung der Parameter zeigt die Abb. 3.4 für Japan und Deutschland. Für die USA mit ihren tiefgreifenden strukturellen Veränderungen ist die nullte Näherung zu ungenau.

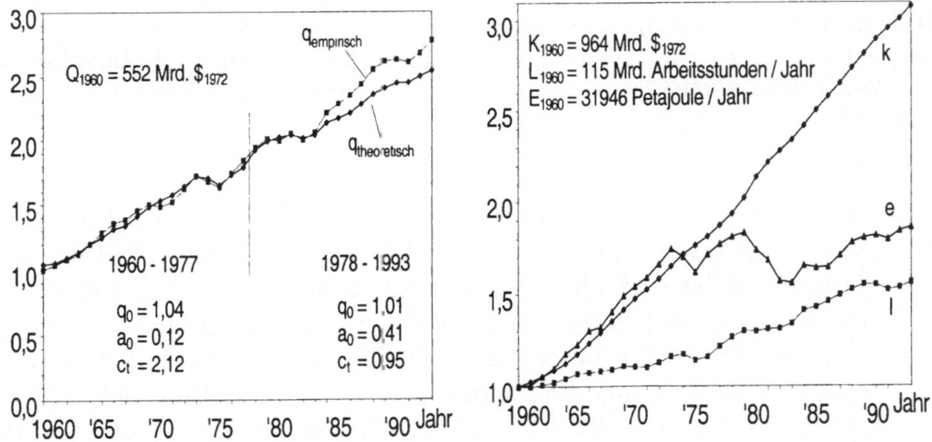

Abbildung 3.1: Links: Empirisches Wachstum (Quadrate) und mit Gl. (3.9) berechnetes theoretisches Wachstum (Rauten) der normierten Wertschöpfung $q = Q/Q_{1960}$ des Sektors *Industries* der USA zwischen 1960 und 1993. Rechts: Empirische Zeitreihen der normierten Faktoren Kapital $k = K/K_{1960}$, Arbeit $l = L/L_{1960}$ und Energie $e = E/E_{1960}$ in der amerikanischen Industrie [5]. Weitere Erläuterungen im Text

Die Abb. 3.1–3.4 zeigen zweierlei deutlich.

[19] Der Dienstleistungssektor der USA erwirtschaftet inzwischen rund 70 Prozent des Bruttoinlandprodukts [24].

[20] Es sind die jeweiligen Jahreswerte eingezeichnet, zwischen denen linear interpoliert wird.

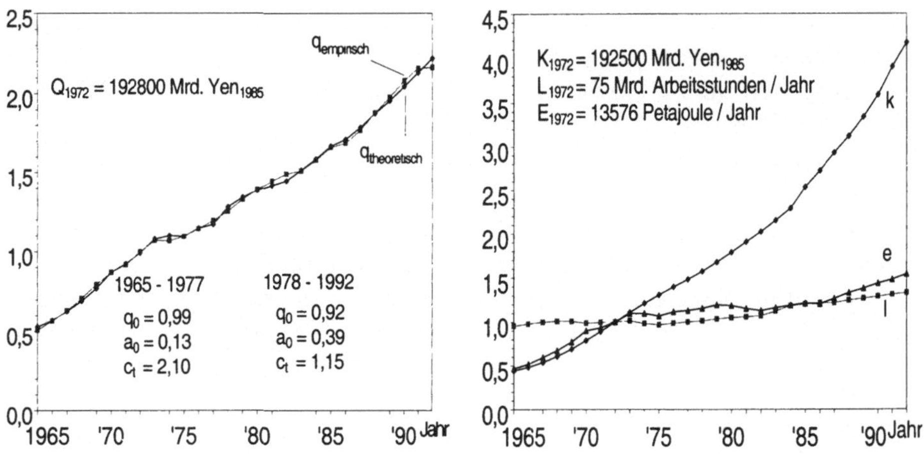

Abbildung 3.2: Links: Empirisches Wachstum (Quadrate) und mit Gl. (3.9) berechnetes theoretisches Wachstum (Rauten) der normierten Wertschöpfung $q = Q/Q_{1972}$ des Sektors *Industries* in Japan zwischen 1965 und 1992 [22 d)], [5]. Rechts: Empirische Zeitreihen der normierten Faktoren Kapital $k = K/K_{1972}$, Arbeit $l = L/L_{1972}$ und Energie $e = E/E_{1972}$ in der japanischen Industrie

- Die *LINEX*–Produktionsfunktion q_{L1} reproduziert das Wachstum der Wertschöpfung in den betrachteten Wirtschaftssektoren Deutschlands, Japans und der USA über nahezu drei Dekaden mit in der Regel kleinen Residuen. Die Anpassung der *LINEX*–Funktion erfolgt im linken oberen Teil der Abb. 3.3 für die Zeiten von 1960 bis 1977 und von 1978 bis 1989 mit einer Veränderung des Parametersatzes zwischen 1977 und 1978. Im rechten oberen Teil der Abb. 3.3 wird in der Produktionsfunktion die Energie um den Elektrizitätsanteil El von e auf $e_{El} = (1 + El)e$ aufgewertet und die Anpassung mit lediglich drei Parametern durchgeführt. Die Aufwertung der eingespeisten Primärenergie durch den Elektrizitätsanteil modelliert das Wirken des faktorungebundenen technischen Fortschritts mit quantitativ nahezu gleichen Ergebnissen wie die Parameterneuanpassung. Das ist insofern plausibel, als bisher der Strukturwandel und die Einführung von Techniken der rationellen Energieverwendung mit gestiegenem Elektrizitätsbedarf einhergegangen sind. Formal kann man $(1 + El(t)) \equiv \varepsilon(t)$ setzen und auf diese Weise die mit dem un-

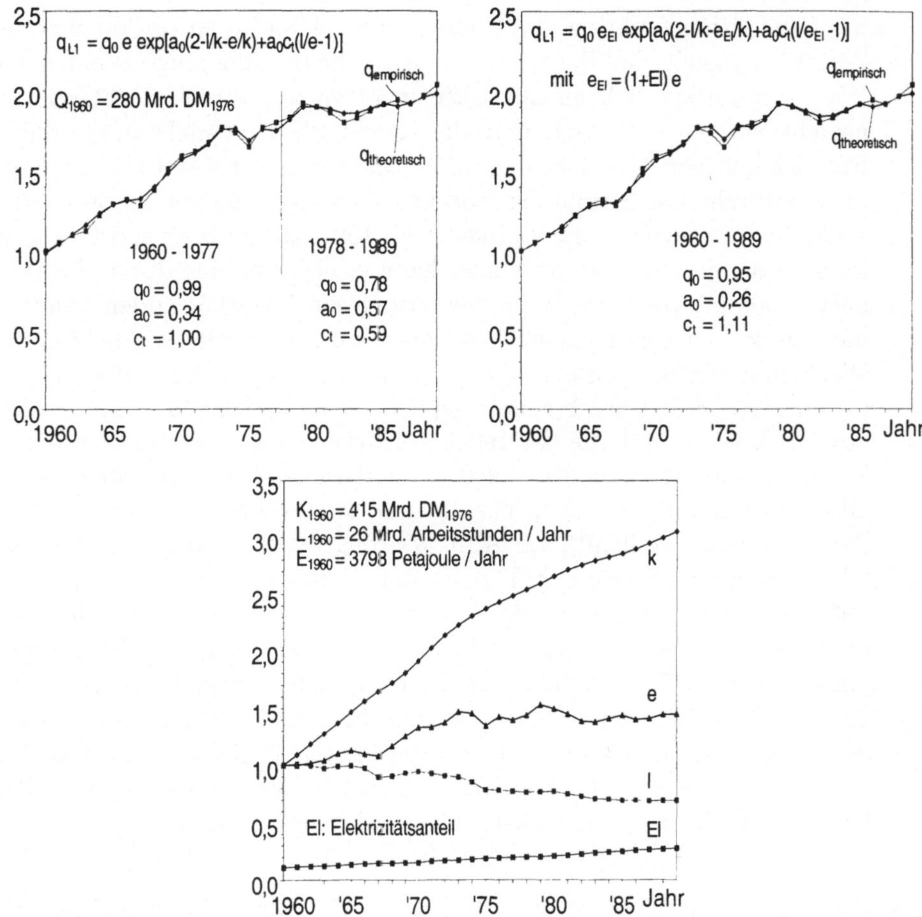

Abbildung 3.3: Das Wachstum der Wertschöpfung und des Faktoreinsatzes im industriellen Sektor *Warenproduzierendes Gewerbe* (GWG) der alten Bundesrepublik Deutschland zwischen 1960 und 1989. Im oberen linken und rechten Bild geben die Quadrate den empirischen, die Rauten den mit den angegebenen *LINEX*-Funktionen berechneten theoretischen Verlauf der normierten Wertschöpfung $q = Q/Q_{1960}$ an. Das untere Bild zeigt die empirischen Zeitreihen von $k = K/K_{1960}$, $l = L/L_{1960}$, $e = E/E_{1960}$ und den Elektrizitätsanteil El am Endenergieverbrauch von GWG [5]. Weitere Erläuterungen im Text

gebundenen technischen Fortschritt gegebene explizite Zeitabhängigkeit der Produktionsfunktion modellieren. Diese Alternative zur kurzzeitigen Zeitabhängigkeit der Parameter q_0, a_0, c_t beim Übergang in ein neues Wachstumsintervall kann aus Datengründen nur für Deutschland vorgestellt werden. – Verfolgt man die (graphisch nicht mehr dargestellte) Entwicklung von GWG in den alten Bundesländern bis 1995, so steigt die empirische Wertschöpfung zwischen 1989 und 1992 um knapp 10 Prozent über die theoretische und kehrt ab 1994 auf die theoretische Kurve zurück. Bei diesem Überschwinger kann es sich um eine durch die Wiedervereinigung bedingte Höherbewertung von Lagerbeständen handeln, die von der Theorie nicht nachvollzogen wird. Das relativ gleichförmige Wachstum der japanischen Wirtschaft wird in Abb. 3.2 von der Theorie bei einer Änderung der Technologieparameter zwischen 1977 und 1978 so gut beschrieben, daß die theoretische Kurve von der empirischen Kurve kaum zu unterscheiden ist. Auch ohne Parameterneuanpassung ist die Übereinstimmung zwischen Theorie und Empirie für Deutschland und Japan zufriedenstellend, wie Abb. 3.4 zeigt. Interessant sind die gute Übereinstimmung zwischen Theorie und Empirie in den USA zwischen 1960 und 1984 und die ab 1985 auftretenden wachsenden Abweichungen, die man erhält, wenn man, wie in Abb. 3.1 geschehen, die Technologieparameter ab 1978 so wählt, daß die Konjunkturschwankungen von der *LINEX*-Funktion nachvollzogen werden. Hier macht sich die Ausweitung des Dienstleistungssektors während der letzten 15 Jahre bemerkbar. Er bedarf zwar der industriellen Basis, doch kann er von der industriellen Produktionstheorie nicht vollständig beschrieben werden.

- Die erste "Ölpreisexplosion" 1973 bis 1975 führte in den USA und Deutschland zu einem starken Rückgang und in Japan zu einem Abflachen von Energieeinsatz und Wirtschaftswachstum. Wirtschaftsentwicklung und Energieeinsatz verlaufen in diesen beiden Jahren nahezu parallel. Die psychologischen Auswirkungen der unerwarteten, politisch bedingten Verteuerung des unverzichtbaren Produktionsfaktors Energie auf die unternehmerischen Investitionsentscheidungen ("Ölpreisschock") wurden in [22 c)] diskutiert. Wichtig, und allen drei Ländern gemeinsam, ist jedoch die Verbesserung der Energieeffizienz des Kapitalstocks $1/c_t$, die sich aus der auf ein Jahr zwischen 1977 und 1978 komprimierten Zeitabhängigkeit der Technologieparameter und dem damit verbundenen Übergang in ein neues Wachstumsintervall ergibt. Diese Parameterverschiebung spiegelt die auch empirisch festgestellten massiven Investi-

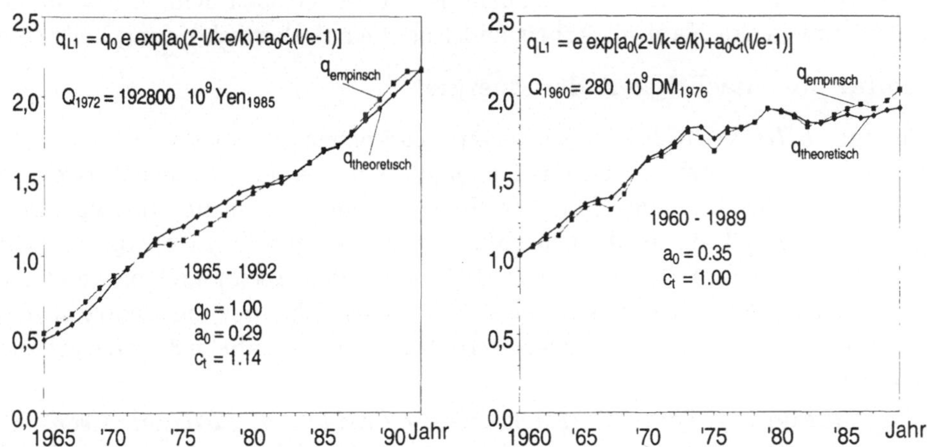

Abbildung 3.4: Das Wachstum der Wertschöpfung im japanischen Sektor *Industries* (links) und dem deutschen Sektor *Warenproduzierendes Gewerbe* (GWG) (rechts) ohne Neuanpassung der Technologieparameter in der *LINEX*–Funktion; Quadrate: empirisch, Rauten: theoretisch. In GWG ist *vor* der Anpassung q_0 gleich 1 gesetzt worden [29]

tionen in energieeffizientere Technologien wider, die in den westlichen Industrieländern als Antwort auf die Machtdemonstration der OPEC stattfanden. Die zweite Ölpreisexplosion 1979 bis 1981 hatte dann auch weniger heftige konjunkturelle Reaktionen zur Folge. Danach hat in allen drei Ländern der Energieeinsatz nur noch wenig oder gar nicht zugenommen. – Bemerkenswert ist, daß in allen drei betrachteten Sektoren und Dekaden die Wertschöpfung gewachsen ist, obwohl in ihnen die empirische Entwicklung des Faktors Arbeit höchst unterschiedlich ist: In den USA wächst die Zahl $l(t)$ der (auf das Basisjahr bezogenen) Arbeitsstunden pro Jahr, in Japan bleibt sie nahezu konstant, und in Deutschland nimmt sie ab. Offensichtlich sind Wachstum und Konjunkturschwankungen viel stärker mit Kapitalwachstum und Energieeinsatz korreliert als mit der menschlichen Routinearbeit. Quantitativ bestätigen das die Produktionselastizitäten in Tabelle 3.1.

Im übrigen liefern auch andere, hier nicht angesprochene und in der Ökonomie von der mathematischen Struktur her wohlbekannte Produktionsfunktionen vergleichbare Ergebnisse, sofern sie energieabhängig sind und ihre Produktionselastizitäten $\alpha(k,l,e)$, $\beta(k,l,e)$ und $\gamma = 1-\alpha-\beta$ in der oben beschriebenen

Weise bestimmt werden.[21] Die Zahlenwerte dieser Größen nennen uns die Gewichte, mit denen Kapital, Arbeit und Energie zur Wertschöpfung beitragen.

Produktionsmächtigkeit der Energie

Die zur *LINEX*-Produktionsfunktion gehörenden Produktionselastizitäten (PE) der betrachteten amerikanischen, japanischen und deutschen Wirtschaftssektoren werden für jedes Jahr berechnet, indem man in die Gl. (3.8) die in den Abb. 3.1–3.3 ausgewiesenen Faktoreinsatzmengen $k(t), l(t)$ und $e(t)$ einsetzt und die jeweils bis bzw. nach 1977 geltenden Technologieparameter a_0 und c_t verwendet. Mittelt man die so erhaltenen PE über die Beobachtungszeiträume von rund drei Dekaden, so erhält man die in Tabelle 3.1 angegebenen Mittelwerte.

Tabelle 3.1 *Zeitliche Mittelwerte der Produktionselastizitäten von Kapital, $\bar{\alpha}$, Arbeit, $\bar{\beta}$, und Energie, $\bar{\gamma}$, in den Sektoren "Industries" der USA und Japans und dem Sektor "Warenproduzierendes Gewerbe" der (alten) BR Deutschland*

Land	$\bar{\alpha}$	$\bar{\beta}$	$\bar{\gamma}$
USA	0,36	0,10	0,54
Japan	0,34	0,21	0,45
Deutschland	0,45	0,05	0,50

In allen drei Systemen stellt man den gleichen Trend der Abweichungen von diesen Mittelwerten während des Beobachtungszeitraums fest: Das Gewicht des Kapitals α nimmt im Laufe der Jahre ab, springt 1978 bei Verbesserung der energetischen Effizienz des Kapitalstocks und Übergang in das neue Wachstumsintervall wieder auf höhere Werte, um danach wieder stetig abzunehmen. Hier zeigt sich das Zusammenwirken von Gesetz des abnehmenden Ertragszuwachses und ungebundenem technischem Fortschritt. In etwa gegenläufig dazu ist der Trend des Gewichts der Energie $\gamma = 1 - \alpha - \beta$. In Japan und Deutschland, die ihre Produktionsanlagen nach den Zerstörungen des 2. Weltkriegs

[21] Nimmt man die PE z.B. als faktorunabhängig an, setzt die entsprechenden Konstanten α_0, β_0 und $\gamma_0 = 1 - \alpha_0 - \beta_0$ in die Wachstumsgleichung (3.2) ein und integriert unter Beachtung von Gl. (3.4), so erhält man die energieabhängige Cobb–Douglas Produktionsfunktion $q_{CDE} = q_0 k^{\alpha_0} l^{\beta_0} e^{1-\alpha_0-\beta_0}$. Mit den durch Anpassung bestimmten α_0, β_0 und q_0 reproduziert auch q_{CDE} die beobachtete Wirtschaftsentwicklung (im Großen und Ganzen) befriedigend. Interessanterweise sind die so bestimmten α_0 und β_0 in guter Näherung gleich den in Tabelle 3.1 aufgeführten zeitlichen Mittelwerten der PE aus Gl. (3.8).

neu aufbauen mußten, sind diese Variationen besonders vor 1978 stärker als in den USA. Das Gewicht der Arbeit β ändert sich relativ wenig.

Besonders bemerkenswert ist, daß in allen drei betrachteten Produktionssystemen und Zeiträumen die mittlere Produktionselastizität der Energie $\bar{\gamma}$, d.h. – grob gesagt – der mittlere prozentuale Zuwachs der Wertschöpfung bei einprozentigem Zuwachs des Energieeinsatzes, deutlich höher ist als die entsprechenden Elastizitäten von Kapital und Arbeit. Mit rund 0,5 ist sie etwa gleich der Summe der beiden anderen Elastizitäten und das Zehnfache des Energieanteils an den Faktorkosten. Würde das Produktionsergebnis jeweils im Sinne der "Grenzproduktivitätstheorie der Verteilung" den Elastizitäten entsprechend verteilt, erhielten Kapital und Arbeit nur etwa 50 Prozent der zur Verteilung anstehenden Wertschöpfung. Die von der Energie fast zum Nulltarif geleistete Wertschöpfung wird aber offenbar auf die Eigner von Kapital und vor allem auf die (unselbständige) Arbeit umgelegt. Erhalten doch in vielen OECD–Ländern die Unternehmer und Kapitaleigner rund 30 Prozent der gesamten volkswirtschaftlichen Wertschöpfung und die unselbständig Beschäftigten rund 70 Prozent [25].[22] Kapitel 4 geht näher darauf ein.

Die große Produktionsmächtigkeit der Energie tritt im Zuge wachsender Automation immer anschaulicher zu Tage. Man kann das als (erstes) Evolutionsprinzip der Produktionsfaktoren formulieren [26]: *Mit wachsender Industrialisierung und Automation konvergieren die Produktionsfaktoren Kapital und Arbeit im Produktionsfaktor Energie.* Das bedeutet: Im Zuge der wirtschaftlichen Entwicklung erweitert die Energie zuerst die Wirksamkeit von Kapital und Arbeit, um sie dann in zunehmendem Maße zu substituieren. Nach der Substitution der Arbeit durch Energie und Kapital in Rationalisierungsmaßnahmen[23] wird die Substitution des Faktors Kapital durch die Betrachtung folgender Grenzsituation deutlich. Es ist die Situation der vollautomatisierten, computergesteuerten, sich selbst in Recycling–Prozessen der veralteten Anlagen regenerierenden Fabrik, in die zur Aufrechterhaltung einer ununterbrochenen Produktion neben den immer wieder verwertbaren Rohmaterialien (aus verschrotteten Konsum- und Investitionsgütern) nur Energie von außen eingespeist werden muß. Der Faktor menschliche Arbeit ist vollständig ausgeschaltet, und der Faktor Kapital, der ja mit der Fabrik gegeben ist, verliert

[22] In den amerikanischen und japanischen Sektoren "Industries", die fast die gesamte Volkswirtschaft umfassen, scheint in der Tat die Wertschöpfung der Energie im wesentlichen den unselbständig Beschäftigten zugute zu kommen. Im deutschen "Warenproduzierenden Gewerbe" sind weniger als die Hälfte aller Beschäftigten tätig.

[23] In den modernsten deutschen Automobilfabriken machen die Lohnkosten inzwischen nur noch 20% der Gesamtkosten aus, und in der chemischen Industrie ist der Anteil noch geringer.

gegenüber dem Faktor Energie immer mehr an Bedeutung, wenn man die von der Fabrik produzierten Investitionsgüter nicht formal auf das Wirken des Kapitals zurückführt (gewissermaßen von einer wunderbaren Kapitalvermehrung spricht), sondern technisch–kausal durch das Wirken der Energie entstanden sieht.

Zusammenfassung und Schlußfolgerungen

Offenkundig ist Energie ein fundamentaler Produktionsfaktor.[24]

Das Offenkundige kann in die Wachstumstheorie der Wirtschaftswissenschaft eingefügt werden, indem man die traditionellen ökonomischen Produktionsfaktoren Kapital und Arbeit um den Faktor Energie ergänzt und damit zugleich einen Teil des wichtigen, aber technologisch bislang wenig spezifizierten "technischen Fortschritts" erfaßt. Die mit der so erweiterten Wachstumsgleichung berechneten Produktionsfunktionen erlauben eine praktisch vollständige Rekonstruktion des Wachstums der Wertschöpfung in unterschiedlich großen und verschieden strukturierten Wirtschaftssektoren der USA, Japans und Deutschlands während dreier Dekaden. Dabei werden die Produktionselastizitäten, die die Faktorbeiträge zum Wachstum gewichten, nicht wie in der Ökonomie sonst üblich gleich den Anteilen der Faktorkosten an den Gesamtkosten gesetzt, sondern technologisch–empirisch bestimmt. Das liefert einen mittleren Beitrag der Energie von rund 50 Prozent. Die zweite Komponente des technischen Fortschritts, die Erfindungen und Innovationsentscheidungen entspringt und eine explizite Zeitabhängigkeit der Produktionsfunktion bedingt, manifestiert sich in einer Veränderung der drei Technologieparameter der Produktionsfunktion nach der ersten Ölpreisexplosion im Sinne einer Verbesserung der Energieeffizienz des Kapitalstocks. Formal betrachtet aktivieren Energiepreissteigerungen den *Kreativitätsterm* $\frac{\partial \ln q}{\partial t} dt$ in der Wachstumsgleichung (3.2). Auch der wachsende Elektrizitätsverbrauch ist in Deutschland für die Modellierung dieser Fortschrittskomponente geeignet. Der quantitative Beitrag dieser Fortschrittskomponente zum Wachstum ist jedoch *im betrachteten Zeitraum* viel geringer als der Beitrag des faktorgebundenen technischen Fortschritts, der mit der Einführung der Energie als Produktionsfaktor erfaßt wird. Das zeigt sich darin, daß auch ohne irgendeine explizite Zeitabhängigkeit der Produktionsfunktionen das Wachstum während dreier Dekaden mit nur kleinen Residuen reproduziert wird. – Hingegen wird in Langzeitstudien zur Dynamik industrieller Entwicklung über einen Zeitraum von mehr als 100 Jahren, wie sie von Danielmeyer und Martinetz durchgeführt wurden[27, 28],

[24]Sie ist unersetzlich, auch wenn neue Technologien ihre effizientere Verwendung ermöglichen und neue Energiequellen erschließen.

der Kreativitätsterm $\frac{\partial \ln q}{\partial t}dt$ eine wichtige Rolle spielen. Die in [27, 28] phänomenologisch berechneten Wachstumstrajektorien reproduzieren gut die beobachteten industriellen Entwicklungen. Der Vergleich ihrer Zeitableitungen mit Gl. (3.2) sollte es erlauben, den Kreativitätsterm für die untersuchten Länder ex post zu bestimmen, wenn man deren Zeitreihen für Kapital, Arbeit und Energie über den betrachteten Zeitraum von mehr als hundert Jahren empirisch vorliegen hätte.

Das identifizierte Mißverhältnis zwischen Leistungsfähigkeit und Preis der Produktionsfaktoren Arbeit und Energie – Arbeit: niedrige Produktionselastizität bei hohem Kostenanteil, Energie: hohe Elastizität bei niedrigem Kostenanteil – ergibt die produktionstheoretische Deutung der empirisch beobachteten Entkopplung von Wirtschaftswachstum und Beschäftigung in vielen hochindustrialisierten Volkswirtschaften außerhalb Nordamerikas [25]. Im Zuge des technischen Fortschritts wird die teure Routine-Arbeit nach und nach ersetzt durch die Kombination von billiger Energie mit Kapital wachsenden Automationsgrades. Die tiefliegende Ursache für zunehmende Arbeitslosigkeit (und wachsende ökologische Probleme) liegt also in der Verzerrung der fundamentalen volkswirtschaftlichen Preisrelationen. [25]

Überträgt man das auf Individuen angewandte Prinzip der "Besteuerung nach der Leistungsfähigkeit" auf die Produktionsfaktoren, so wäre weltweit die leistungsstarke Energie hoch und die vergleichsweise leistungsschwache menschliche (Routine-) Arbeit niedrig zu besteuern. Die Gesellschaft müßte entscheiden, wie die Steuer auf die Naturgabe Energie mit Blick auf Verteilungsgerechtigkeit, Emissionsminderung und Förderung des technischen Fortschritts zu verwenden wäre. Wir kommen darauf im 5. Kapitel zurück.

3.2 Ebenen: Landwirtschaft, Industrie, Kommunikation

In den vorindustriellen Agrargesellschaften war der überwiegende Teil der Bevölkerung in der Landwirtschaft tätig, und in der landwirtschaftlichen Urproduktion fand der größte Teil der Wertschöpfung statt.[26] Im Zuge der Industrialisierung und der mit ihr verbundenen Landflucht haben sich die Verhältnisse gründlich geändert: Im Jahre 1950 arbeiteten in der Landwirtschaft der Bundesrepublik Deutschland nur noch 5 Millionen, d.h. 25% der Erwerbstäti-

[25] Diese erlaubt es auch, im Zuge der Globalisierung in Billiglohnländern hergestellte Güter und Dienstleistungen zu minimalen Kosten in die Hochlohnländer zu transportieren.

[26] Der Boden war der wichtigste Produktionsfaktor.

gen, und erbrachten dort 11% der Wertschöpfung. Die Mechanisierung der Landwirtschaft, die zwischen den beiden Weltkriegen in den USA und nach dem zweiten Weltkrieg in Europa einsetzte, veränderte die Situation nochmals dramatisch, wie die Anteile von Erwerbstätigen (E) und Wertschöpfung (W) in der Landwirtschaft der (alten) BRD im Laufe der Jahre zeigen – 1970: E=8,6%, W=3,4%; 1976: E=6,6%, W=2,5%; 1992: E=3,1%, W=1,2%. Während dieser Zeit war die Nachfrage nach Nahrungsmitteln nur noch geringfügig gewachsen. In der nahezu abgeschlossenen Entwicklung der landwirtschaftlichen Produktion wird sichtbar, was sich inzwischen auch in der Industrieproduktion abzeichnet: Energiegetriebene Maschinen[27] verdrängen die menschliche Arbeit und verbilligen die Produkte, in deren Kostenbilanz immer weniger die teure Arbeit und immer stärker die billige Energie eingeht.

Die in der Landwirtschaft freigesetzten Arbeitskräfte fanden bisher in der Industrie neue Arbeitsplätze. Wo entstehen in Zukunft die Arbeitsplätze für die von Energie und Maschinen aus der Industrieproduktion verdrängten Menschen? Einen Hinweis geben die Tabellen 3.2 und 3.3, die die Entwicklung von Beschäftigung und Wertschöpfung in den Sektoren Landwirtschaft (L)[28], Industrie (I) und Dienstleistungen (D)[29] der industriell fortgeschrittensten Länder, der sog. G7–Länder, zeigen.

Tabelle 3.2 *Erwerbstätigenstruktur, in Prozent aller zivilen Erwerbstätigen, in Landwirtschaft (L), Industrie (I) und Dienstleistungen (D) [25]*

	L		I		D	
Land	1970	1992	1970	1992	1970	1992
Deutschland	8.6	3.1	49.3	38.3	42.0	58.5
Frankreich	13.5	5.2	39.2	28.9	47.2	65.9
Großbritannien	3.2	2.2	44.7	25.6	52.0	71.3
Italien	20.2	8.2	39.5	32.2	40.3	59.6
Japan	17.4	6.4	35.7	34.6	46.9	59.0
Kanada	7.6	4.4	30.9	22.7	61.4	73.0
USA	4.5	2.9	34.4	24.6	61.1	72.5

In allen G7–Ländern arbeiten inzwischen die meisten Beschäftigten im Dienstleistungssektor (D). Wegen der teuren menschlichen Arbeit sind dessen Produkte teuer. Darum ist der Anteil dieses Sektors an der Wertschöpfung

[27] Im Falle der Landwirtschaft: Traktoren und Mähdrescher, unterstützt von Pumpen in, z.B., Melkmaschinen.

[28] Inklusive Fischerei und Forstwirtschaft.

[29] Umfaßt Handel, Verkehr und Nachrichtenübermittlung; Dienstleistungsunternehmen; Staat und private Haushalte.

Tabelle 3.3 *Bruttowertschöpfung nach Sektoren; in Prozent der Gesamtbruttowertschöpfung [25]*

	L		I		D	
Land	1970	1992	1970	1992	1970	1992
Deutschland	3.4	1.2	51.7	39.6	44.9	59.2
Frankreich	6.9	2.9	41.5	29.7	51.6	67.4
Großbritannien	2.8	1.7	42.5	31.7	54.6	66.6
Italien	8.1	3.2	42.6	32.3	49.4	64.6
Japan	5.9	2.1	45.1	39.4	49.1	58.5
Kanada	4.2	2.7	36.3	31.5	58.4	65.9
USA[a]	2.7	1.9	34.1	28.5	61.8	68.3

[a]Für die USA werden in der Spalte 1992 die Zahlen des Jahres 1987 angegeben.

am größten. Das bedeutet natürlich nicht, daß die physische Produktion in der Landwirtschaft und der Industrie zurückgegangen ist. Im Gegenteil, die produzierten Mengen an Nahrung und Industriegütern bleiben konstant oder nehmen zu. Nur werden sie aufgrund ihrer immer energieintensiveren Erzeugung immer billiger, so daß ihr Beitrag zur Wertschöpfung sinkt.

So läuft der Prozeß der Wertschöpfung auf drei Ebenen ab: Die tiefste und für die physische Existenz von Menschen absolut unverzichtbare Ebene ist die der Landwirtschaft. Die mittlere Ebene, ohne deren Produkte der moderne Mensch sich sein Leben auch kaum mehr vorstellen kann, ist die der Industrie. Darüber liegt die Ebene der zwischenmenschlichen Wechselwirkungen, die in den Statistiken als Dienstleistungssektor geführt wird. Dank des immer intelligenteren Energieeinsatzes ist es in den hochentwickelten Industrieländern gelungen, die existenzwichtigen Produkte der beiden unteren Ebenen in solchen Mengen herzustellen, daß ihre Preise, die in der Regel ja die Knappheit messen, niedrig sind, so daß z.Zt. die ökonomische Bedeutung einer Ebene umso geringer erscheint, je größer ihre physische Wichtigkeit ist. Die Tabelle 3.4 zeigt, wie der relative Wert von Gütern des Grundbedarfs in Deutschland innerhalb einer Generation abgenommen hat.

Bis 1992 hat die Zahl der Beschäftigten im Dienstleistungssektor in allen betrachteten Ländern zugenommen. Man könnte erwarten, und erwartet es teilweise noch, daß die mit wachsender Automation in der Industrie weiterhin freigesetzten Arbeitskräfte neue Arbeitsplätze im Dienstleistungssektor finden

Tabelle 3.4 *Kaufkraft der Lohnminute[a] in (West) Deutschland in den Jahren 1958 und 1991 [30]*

Gut	1958	1991
Brot, 1 kg	22	10
Butter, 250 g	45	6
Zucker, 1 kg	32	5
Milch, 1 l	11	4
Rindfleisch, 1 kg	123	29
Kartoffeln, 2.5 kg	14	9
Bier, 0.5 l	16	3
Benzin, 1 l	16	4

[a]Die mittlere Arbeitszeit eines Industriearbeiters, deren Entlohnung für den Erwerb der genannten Güter aufzuwenden war, ist in Minuten angegeben

werden. Doch der schnelle Transistor und die rapide Ausweitung der elektronischen Informationsverarbeitung scheinen diese Entwicklung zu überholen und abzubrechen, bevor sie sich voll entfalten kann: Computer übernehmen immer mehr geistige Routinearbeit und verlangen dafür nur elektrische Energie, einige in Schnellkursen herangebildete Angestellte, die sie mit Eingabedaten füttern und die Programme starten, und wenige hochkarätige Spezialisten, die die Computerprogramme schreiben und/oder die Probleme lösen können, die Computer selber produzieren. Darum werden im traditionellen Dienstleistungssektor in Zukunft viele Arbeitsplätze abgebaut werden. Gegen die Kombination von Computern und Wärmekraftmaschinen kann sich langfristig der Mensch im Wertschöpfungsprozeß nur mit seinen kreativen und emotionalen Fähigkeiten behaupten, die letztendlich immer im Prozeß der Kommunikation mit anderen Menschen zur Entfaltung kommen.[30] Ob sich aus dem Dienstleistungssektor diese Beschäftigung und Sinn stiftende *Kommunikationsebene* der Wertschöpfung voll entwickeln wird, wird von den Rahmenbedingungen abhängen, die der Gesetzgeber dem Gemeinwesen gibt. Diese Rahmenbedingungen müssen nicht nur die skizzierten Entwicklungen in Beschäftigung und Wertschöpfung zu einem Optimum des Gemeinwohls lenken, sondern auch die Grenzen beachten, innerhalb derer die Naturgesetze künftige Entwicklungspfade nur noch zulassen.

[30]Die wachsende Bedeutung der Kreativität betont auch U. Witt [31].

3.3 Grenzen: Ressourcen und Emissionen

Naturgesetze werden das von fossilen Energien gespeiste Wachstum beschränken: Die Vorräte von Kohle, Öl und Gas sind begrenzt,[31] und die bei ihrer Verbrennung entstehenden Emissionen überfordern die Schadstoffaufnahmekapazität der Biosphäre. Das in Abschnitt 1.3 ausgesprochene Naturgesetz *Alle natürlichen und technischen Prozesse sind mit Energieumwandlung und Entropieproduktion verbunden* ist in Verbindung mit den Strahlungsgesetzen der Physik so mächtig, daß es jedes mit ihm unverträgliche "Wirtschaftsgesetz" brechen wird.

Abhilfe kann hier auch nicht der bisweilen als Problemlösung propagierte Übergang in eine "postindustrielle Informationsgesellschaft" schaffen. Selbst wenn der oben beschriebene Trend zur Verlagerung von Wertschöpfung und Beschäftigung in den weniger energieintensiven Dienstleistungssektor und auf die sich daraus entwickelnde Kommunikationsebene anhalten sollte,[32] wird alles Wirtschaften auf der höchsten Ebene doch immer von der materiellen Güterproduktion der tiefer liegenden Ebenen Landwirtschaft und Industrie getragen werden müssen. Information und Kommunikation ersetzen weder Essen, Trinken und Bekleidung, noch die wetterfeste, warme Wohnung; auch gehören elektromechanische Arbeitshilfen, Arzneimittel und Medizintechnik und die vielfältigen Verkehrsmittel zu den materiellen Gütern, die zu beanspruchen die Menschen in den reifen Industriegesellschaften inzwischen als ihr selbstverständliches Recht betrachten. Information und Kommunikation stellen "lediglich" den immateriellen Überbau des Wohlstandsgebäudes dar, das ohne die Produkte der Industrieebene zusammenbrechen würde.[33] Darum wird eine Weltgesellschaft, die die Grundbedürfnisse einer bis auf evtl. 10 Milliarden Menschen anwachsenden Bevölkerung befriedigen muß, immer eine Industriegesellschaft in dem Sinne sein, daß Energie und Energieumwandlungsanlagen die materielle Existenzgrundlage menschenwürdigen Lebens schaffen. Dies trotz der naturgesetzlichen Beschränkungen zu sichern, stellt die in der Geschichte der Menschheit noch nie dagewesene Herausforderung dar, von deren schöpferischer Bewältigung das Schicksal unserer Zivilisation abhängen wird.[34]

---

[31] Siehe Tabelle 3.5.

[32] Die Filmindustrie Hollywoods trägt inzwischen mehr zum Bruttoinlandprodukt der USA bei als der stahlerzeugende Sektor.

[33] In welchem Maß der Zusammenbruch der Industrie den Zusammenbruch der Wirtschaft nach sich zieht, zeigt die Situation der neuen Bundesländer nach der Wiedervereinigung Deutschlands: Nur jährliche Transferleistungen von mehr als 100 Milliarden DM aus dem Westen lassen auf langfristig ausgeglichene Lebensbedingungen in ganz Deutschland hoffen.

[34] Arnold Toynbees Prinzip von "Challenge and Response" in der Entwicklung der Hoch-

Die begrenzten Mengen der fossilen Energieträger, die derzeit rund 90 % des Weltenergiebedarfs decken, zeigt die Tabelle 3.5.

Tabelle 3.5 *Welt- und Regionalvorräte an Erdöl, Erdgas und Kohle, wirtschaftlich gewinnbar beim gegenwärtigen Stand der Technik, in Millionen Tonnen Steinkohleeinheiten[a] und ihre Erschöpfungszeiten (EZ) in Jahren bei den derzeitigen Verbrauchsraten[b] [32]*

Region	Öl	EZ	Gas	EZ	Kohle	EZ
Welt	193430	43	149789	65	739000	238
Naher Osten	128434	97	46622	>250	-	-
Lateinamerika	24414	44	7959	81	9000	235
Afrika	11768	24	10637	136	60000	390
Ehem. UdSSR	11074	20	59571	73	186000	530
Asien und Ozeanien	8598	18	10457	56	190000	183
USA und Kanada	5768	8	8060	10	202000	250
Europa ohne frühere UdSSR	3373	10	6466	49	91000	189

[a] 1 MtSKE = 29,31 PJ

[b] Die Summen der regionalen Vorräte sind wegen statistischer Diskrepanzen nicht gleich den jeweiligen Weltvorräten.

Bei den gegenwärtigen Verbrauchsraten gibt es also mit Sicherheit noch für rund 40 Jahre Erdöl, 70 Jahre Erdgas und 240 Jahre Kohle. *Während diese sicheren Reserven insgesamt rund 1000 Milliarden (Mrd.) t SKE betragen, liegen die vermuteten Ressourcen um einen Faktor 10 höher, wobei von den rund 10 000 Mrd. tSKE ca. 7000 Mrd. tSKE auf die Kohle entfallen [33] . Vom Beginn der industriellen Revolution bis 1995 wurden insgesamt ca. 380 Mrd. t SKE verbrannt [33] - also rund ein Drittel der von der Sonne während 200 Millionen Jahren angelegten sicheren Reserven.* – Die sicheren und zu erwartenden Reserven von Natur-Uran (mit einer Konzentration von 3kg Uran pro Tonne Erz) liegen bei 5 bis 10 Mio. t, wobei der derzeitige jährliche Bedarf für die zivile Nutzung zur Erzeugung elektrischen Stroms in Kernkraftwerken 0,05 Mio. t Natur-Uran beträgt [33], [4]. –Auch wenn mit wachsender Industriali-

kulturen hatte in der Vergangenheit zur Folge, daß eine Zivilisation, die auf eine neue, fundamentale Herausforderung nicht die schöpferische, weiterführende Antwort fand, unterging und eine andere Zivilisation die Entwicklung weitertrug. Inzwischen hat sich die "westliche" Industriezivilisation über die ganze Erde ausgebreitet. Für den Fall ihres Versagens bei der Bewältigung der Energie– und Umweltprobleme ist keine Alternative in Sicht.

sierung der Entwicklungsländer die Verbrauchsraten noch zunehmen sollten, würden die bisher genutzten Energieträger insgesamt noch für mehrere hundert Jahre ausreichen. (Ihre Preise werden allerdings mit den Kosten der Erschließung ihrer weniger leicht zugänglichen Lagerstätten steigen.) Darum sind die begrenzten Vorräte der bisher genutzten Energieträger weniger problematisch als die Emissionen aus Energieumwandlungsprozessen.

Die Emissionen lassen sich, grob gesprochen, einteilen in gesundheitsschädliche und klimaschädliche. Die klimaschädlichen Emissionen erhöhen die Konzentration der infrarot–aktiven Spurengase in der Atmosphäre, so daß die Erde mit einem immer dichteren und stärker wärmenden Strahlungsmantel umgeben wird. Die daraus resultierende Erhöhung der bodennahen Weltmitteltemperatur und ihre Folgen für das Weltklima bezeichnet man als den anthropogenen Treibhauseffekt.[35]

Die Gesundheit von Menschen, Tieren und Pflanzen schädigen Schwefeldioxid (SO_2), Stickoxide (NO_x), Staub, Kohlenmonoxid (CO), flüchtige Kohlenwasserstoffe und radioaktive Substanzen. Klimaschädliche Treibhausgase sind Kohlendioxid (CO_2), Methan (CH_4), Lachgas (N_2O) und einige weitere, nicht unbedingt dem Energiesektor zuzuordnende Spurengase wie perfluorierte Kohlenwasserstoffe. Bei der Verbrennung von Kohle und Öl werden SO_2, NO_x, Staub, CO, flüchtige Kohlenwasserstoffe und CO_2 emittiert. SO_2 und Staub bilden Aerosole. Der Eintrag dieser Schwebeteilchen in die Luft hat in der Vergangenheit zu einer verstärkten Reflexion der Sonnenstrahlung geführt und den anthropogenen Treibhauseffekt gedämpft. Diese Dämpfung wird umso schwächer werden je erfolgreicher die Emissionen von Schwefeldioxid und Staub unterbunden werden. Erdgasverbrennung belastet die Umwelt nur mit NO_x, CO und CO_2. CH_4 wird bei der Kohleförderung und dem Erdgastransport freigesetzt.[36] Mit erheblichen Investitionen in Entschwefelungs– und Entstickungsanlagen sowie Kraftfahrzeugkatalysatoren ist es in den entwickelten Industrieländern gelungen, die gesundheitsschädlichen Emissionen im Industriesektor drastisch zu reduzieren und ihren Anstieg im Verkehrsbereich zu bremsen. So können im Prinzip durch erhöhten Energieeinsatz mittels geeigneter Techniken alle Stoffemissionen in Wärmeemissionen umgewandelt werden. Letztere sind wegen des Gesetzes von der unvermeidbaren Entropieproduktion unvermeidlich. Jedem Schadstoff kann man darum ein *Schadstoff–Wärmeäquivalent* zuordnen, das angibt, wieviel Abwärme bei einem Entsorgungsprozeß

---

[35] Die atmosphärischen Spurengase behindern ähnlich wie das Glasdach eines Treibhauses die Wärmeabstrahlung des Bodens.

[36] Weitere anthropogene Quellen sind von CO_2 die Waldvernichtung und von CH_4 und N_2O die Landwirtschaft.

eines Schadstoffs anfällt. Unter *Entsorgung* versteht man dabei einen Vorgang, der den Eintrag eines Stoffes in die Biosphäre auf einen vorgegebenen Grenzwert beschränkt, ohne dabei neue grenzwertüberschreitende Emissionen anderer Stoffe zu verursachen. Das Schadstoff–Wärmeäquivalent gibt auch in sehr guter Näherung die für die Schadstoffentsorgung benötigte Energiemenge an.

Schadstoff–Wärmeäquivalente wurden exemplarisch für moderne Kohle– und Kernkraftwerke berechnet [34]. Die Wärmeäquivalente gesundheitsschädlicher chemischer Schadstoffe und der verbrauchten radioaktiven Brennelemente[37] betragen weniger als 5% des Primärenergiebedarfs eines nicht entsorgten Kraftwerks mit gleicher elektrischer Leistung wie das entsorgte. Für eine 66%ige CO_2–Entsorgung[38] hingegen liegt das Schadstoff–Wärmeäquivalent bei 39%, was mit einer Reduzierung des Kraftwerkswirkungsgrads für die Erzeugung elektrischer Energie von 38% auf ca. 28% verbunden ist. Selbst wenn man nicht schon den Energieaufwand für die CO_2–Entsorgung für prohibitiv hält, ist das Problem der dauerhaften CO_2–Deponierung in der Tiefsee oder in erschöpften Erdgasfeldern, oder seiner Umwandlung in Biomasse, trotz der in mehreren internationalen Konferenzen [36], [37] dokumentierten Forschungsanstrengungen noch keineswegs gelöst. Sicher ist in jedem Fall, daß eine Reduzierung der CO_2–Emissionen ganz andere Anforderungen an Technik und Wirtschaft stellt als die Emissionsminderung der übrigen Schadstoffe.

Diese Anforderungen werden seit dem im Juni 1992 in Rio de Janeiro geschlossenen *Rahmenübereinkommen der Vereinten Nationen über Klimaänderungen* international intensiv diskutiert. Die Dritte Vertragsstaatenkonferenz der UN–Klimarahmenkonvention hat sich im Dezember 1997 in Kyoto auf folgende international verbindlichen Reduktionsziele der (Summe der gemäß ihrer Klimawirksamkeit gewichteten) Treibhausgase[39] bis zum Jahr 2012 geeinigt: Europäische Union -8%, USA -7%, Japan -6%; Rußland, Ukraine und Neuseeland können stabil bleiben, einige Länder wie Australien dürfen sogar noch bis zu 10% zulegen. Insgesamt sollen die Industriestaaten den gewichteten Ausstoß der Treibhausgase um 5,2% gegenüber 1990 verringern. Diese Vereinbarungen können nur als ein erster zaghafter Schritt in die richtige Richtung betrachtet werden. Sie reichen bei weitem nicht aus, um wirkungsvoll zu verhindern, was ohne Klimaschutzmaßnahmen bei Fortschreibung der gegenwärtigen Emissi-

[37] Eingehüllt in einen Sicherheitsstahlmantel und beschleunigt auf Fluchtgeschwindigkeit in die Tiefen des Weltraums.

[38] Chemische Wäsche mit Alkanolamin oder Ausfrieren unter Druck und Tiefseedeponierung [35].

[39] Zum anthropogenen Treibhauseffekt tragen CO_2 rund 60%, CH_4 15%, N_2O 4% und andere Spurengase den Rest bei. Man rechnet die einzelnen Beiträge auf CO_2–Äquivalente um.

onstrends zu erwarten und befürchten ist:

Wenn die jährlichen CO_2–Emissionen von etwa 29 Mrd. Tonnen im Jahr 1990 (davon ca. 22 Mrd. t durch die Verbrennung fossiler Energieträger) über 38 Mrd. t im Jahr 2050 auf 44 Mrd. t im Jahr 2100 steigen[40] und auch die Emissionen der anderen Treibhausgase gemäß den derzeitigen Erwartungen für den Fall des Ausbleibens von Klimaschutzmaßnahmen zunehmen, muß man nach dem Bericht der rund 2000 Wissenschaftler des UN Intergovernmental Panel on Climate Change (IPCC) aus dem Jahr 1996 mit einem Anstieg der mittleren Erdtemperatur um ca. 2 bis 4 Grad Celsius rechnen. Diese durchaus noch mit Unsicherheiten von grob ±1 Grad Celsius behafteten, qualitativ jedoch eindeutigen Aussagen stützen sich auf aufwendige Klimamodellrechnungen mit Supercomputern, statistische Analysen mit neuronalen Netzen u.a. und unterscheiden sich nicht wesentlich von den Erkenntnissen, die man aufgrund einfacher Überschlagsrechnungen mit Hilfe der Strahlungsgesetze der Physik gewinnt. In der Tat hatte schon im Jahre 1896 der schwedische Naturforscher Svante Arrhenius vor dem anthropogenen Treibhauseffekt gewarnt [38]. Er berechnete für eine Verdopplung des CO_2–Gehalts der Atmosphäre eine Zunahme der mittleren globalen Temperatur um mehr als 5 °C.[41] Aktuelle Zusammenfassungen geben Ch.-D. Schönwiese [39] zur Klimadebatte und Stock und Schellnhuber [40] zum Stand der Klimawirkungsforschung.

[40] Dabei verdoppelt sich die atmosphärische CO_2–Konzentration gegenüber dem vorindustriellen Wert von 280 ppm auf nahezu 600 ppm; derzeitiger Stand: 355 ppm.

[41] Umso erstaunlicher ist es, daß Außenseiter, die mit oft widerlegten oder unmittelbar als Unsinn erkennbaren Argumenten gegen Warnungen vor dem anthropogenen Treibhauseffekt polemisieren, Eingang in die Spalten auch der seriösen Presse finden. So berichtete z.B. eine große überregionale Tageszeitung am 12.04.95, der Wetterexperte Wolfgang Thüne bezweifele, daß es überhaupt ein Klima gibt; folglich könne es auch kein Klimaproblem geben. Mehrheitsmeinungen, so liest man auch andernorts, könnten nicht darüber entscheiden, was wahr und was falsch ist. Aber ist wirklich die Meinung eines Einzelnen, der allen Enzyklopädien der zivilisierten Welt und ihren Darstellungen von "Klima" widerspricht, berichtenswert? – Viele der Minderheitsmeinungen, die die Risiken des anthropogenen Treibhauseffekts bestreiten, erinnern in der Qualität ihrer Argumentation durchaus an die Behauptungen mancher Leute, man könne Maschinen konstruieren, die aus dem Nichts (bzw. den Nullpunktschwingungen des Vakuums) oder der wertlosen Umgebungswärme mechanische Arbeit oder elektrische Energie gewännen (Perpetuum Mobiles der 1. oder 2. Art). Dieser die Umwelt und Menschheit rettenden Energiegewinnung stünden nur die bornierten, etablierten Wissenschaftler im Wege, die verlangen, diese Maschinen tatsächlich zu bauen und damit z.B. zehntausend Autobatterien aufzuladen und zu verkaufen. Solches sei bisher leider immer durch finstere Machenschaften, z.B. von Energieversorgungsunternehmen, verhindert worden. – Auch wenn es gewiß wahr ist, daß häufig Außenseiter wissenschaftliche Durchbrüche erzielt, neue Erkenntnisse gewonnen und etablierte Fachleute eines Besseren belehrt haben, so taten sie das doch nie gegen die Naturgesetze, sondern immer mit ihnen.

Falls wir so weitermachen wie bisher und es zu den erwarteten Temperatursteigerungen kommt, sind die folgenden Auswirkungen zu befürchten, die schon der Dritte Bericht der Enquete–Kommission des Deutschen Bundestages *Vorsorge zum Schutz der Erdatmosphäre* im Jahr 1990 anspricht:

- Gesunde Vegetation kann bestenfalls einem Temperaturanstieg von 0,1°C pro Dekade folgen. Darum wird eine Temperaturerhöhung von 0,2 bis 0,4 °C pro Dekade zu Anpassungsproblemen und großräumigem, klimabedingtem Waldsterben in den mittleren und höheren Breiten führen.

- Klimazonen werden sich verschieben. Insbesondere werden sich die subtropischen Trockengebiete ausweiten, und zwar hauptsächlich polwärts in die fruchtbaren Kornkammern in Südeuropa, China, Australien, Südamerika und den USA. Dafür werden in den feuchten Tropen die Niederschläge noch zunehmen.

- Mit steigender Wasserverdunstung und anschließender Kondensation in der Troposphäre wird mehr Kondensationsenergie freigesetzt, die weltweit die Windgeschwindigkeiten um ca. 5 bis 10 % verstärkt. Erhöhte Sturmschäden sind die Folge.

- Hungersnöte drohen infolge von Mißernten durch Klimaanomalien.

- Ein möglicher Anstieg des Meeresspiegels um 30 bis 100 cm infolge der thermischen Ausdehnung der Ozeane und dem Abschmelzen der Gebirgsgletscher würde zur Überschwemmung wertvoller Küstengebiete führen und viele Millionen Menschen aus ihrer Heimat vertreiben. (Bei einem Abbrechen und Schmelzen des westantarktischen Eisschelfs würde der Meeresspiegel sogar um 5 bis 7 m steigen. Im nächsten Jahrhundert ist dies Ereignis jedoch noch sehr unwahrscheinlich.)

- Die Süßwasservorräte vieler Weltgegenden sind in Gefahr.

- Mit der Ausbreitung von Viren, Bakterien und Schädlingen nach Norden und in die Höhe muß gerechnet werden, weil sich Mikroben infolge ihres raschen Generationswechsels geänderten Umweltbedingungen schneller anpassen als höhere Lebewesen.

- Umweltflüchtlingsströme in bisher ungekanntem Ausmaß sind zu erwarten.

Erst in den letzten Jahren hat man begonnen, ein Risiko genauer zu analysieren, das z. Zt. noch nicht absehbar ist: Es ist nicht auszuschließen, daß bei globaler Erwärmung ein erhöhter Eintrag von Süßwasser in den Nordatlantik infolge erhöhter Niederschläge auf der Nordhalbkugel und des Abschmelzens von Gletschern die atlantische Zirkulation von kaltem Tiefenwasser nach Süden und warmem Oberflächenwasser aus den Tropen nach Norden stört und die Warmwasserheizung des Nordens beeinträchtigt. Innerhalb von Jahren bis Jahrzehnten könnte die Stärke des Golfstroms drastisch abnehmen. Dann würde die mittlere Temperatur in West-, Mittel- und Nordeuropa um möglicherweise mehrere Celsiusgrade sinken und ein Klima ähnlich dem von Labrador entstehen. Das wäre eine wahrhaft paradoxe und zugleich furchtbare Strafe für das Aufheizen des Treibhauses Erde durch die Europäer und ihre nordamerikanischen Nachkommen.

Die mit der Nutzung der fossilen Energieträger gegebenen Risiken beginnen schon jetzt, die weitere Energie-, Wirtschafts- und Weltpolitik zu beeinflussen. Das zeigen die internationalen Klimaverhandlungen und -konventionen. Das immer noch hartnäckige Bemühen der nichteuropäischen Industrieländer um möglichst geringe Einschränkungen des fossilen Energieverbrauchs um des Wirtschaftswachstums willen zeigt zudem, wie sehr man sich in der Praxis der Produktionsmächtigkeit der Energie bewußt ist, auch wenn die ökonomische Theorie sie noch wenig zur Kenntnis genommen hat.

Glücklicherweise sind die Grenzen für die Gewinnung von Energiedienstleistungen weiter gezogen als für die Nutzung der fossilen Energieträger. Ausweichen auf nicht–fossile Energien und rationelle Energieverwendung ist bis zu einem gewissen Grade möglich. Die in Abschnitt 3.1 nachgewiesene Verbesserung der Energieeffizienz des Kapitalstocks nach der ersten Ölpreisexplosion ist dafür ein historisches Beispiel, das zugleich die Lenkungswirkung von Energiepreiserhöhungen demonstriert. – Erst wenn der Energieumsatz auf rund das Dreißigfache seines derzeitigen Wertes steigen würde, so daß die in der Biosphäre anthropogen erzeugten Energieflüsse bei etwa 3×10^{14} Watt und damit im Promillebereich der von der Sonne zugestrahlten Leistung liegen, muß man auch bei völlig CO_2–freier Energiegewinnung mit Klimaproblemen rechnen. Die Grenze tolerierbarer Energieflüsse bezeichnet man als *Hitzemauer*. Auch wenn das Erreichen der Hitzemauer unwahrscheinlich ist, weist sie uns doch auf die letzte, vom 2. Hauptsatz der Thermodynamik gezogene Wachstumsgrenze hin.

Anhang: Modellierung der Wachstumsgrenzen

Bei der ökonometrischen Analyse der industriellen Entwicklung Deutschlands, Japans und der USA in Abschnitt 3.1 hatten wir von jeglichem Einfluß naturgesetzlicher Wachstumsgrenzen abgesehen. Für die Vergangenheit hatte das seine Berechtigung. Will man jedoch ein mathematisches Wachstumsmodell konzipieren, das auch in die Zukunft trägt, muß man zumindest im Prinzip die Auswirkungen von Entropieproduktion, sprich Emissionen, und Ressourcenbegrenztheit beschreiben. Am einfachsten geschieht das durch Funktionen, die die Produktionselastizitäten α, β und γ in der Wachstumsgleichung (3.2) reduzieren, wenn sich das System kritischen Grenzen, z. B. der Umweltbelastung durch Schadstoffemissionen, annähert. Dann nämlich werden Kapital, Arbeit und Energie nicht mehr ausschließlich für die Erzeugung der Güter des traditionellen Warenkorbs eingesetzt, sondern auch für Schadstoffentsorgung, und tragen nur noch vermindert zur traditionellen Wertschöpfung bei.

Betrachten wir die Emissionen, wie sie gemäß dem Zweiten Hauptsatz der Thermodynamik, dem Gesetz von der unvermeidlichen Entropieproduktion bei allen Veränderungen in der realen Welt, anfallen. Diese Welt ist im weiteren der interessierende Teil der Biosphäre mit dem Volumen V. Darin mögen N verschiedene, mit k indizierte Molekülsorten gesundheits- und/oder klimaschädlich sein. Finden an irgendeinem Ort $\vec{r}$ des Systems physische Veränderungen statt, so wird dort Energie umgewandelt und Entropie produziert. Gemäß den Lehrbüchern der Nichtgleichgewichtsthermodynamik [41, 42] ist am Orte $\vec{r}$ zur Zeit t die mit Wärme- und Stoffemissionen verbundene "dissipative" Entropieproduktionsdichte gegeben durch

$$\sigma_{S,dis}(\vec{r},t) = \vec{j}_Q \vec{\nabla}(1/T) + \sum_{k=1}^{N} \vec{j}_k[-\vec{\nabla}(\mu_k/T) + \vec{f}_k/T], \tag{3.10}$$

und gemäß dem Zweiten Hauptsatz kann sie weder verschwinden noch negativ werden. Sie setzt sich zusammen aus Wärmestromdichten $\vec{j}_Q(\vec{r},t)$, angetrieben von Gradienten ($\vec{\nabla}$) der Temperatur $T(\vec{r},t)$, und Diffusionsstromdichten $\vec{j}_k(\vec{r},t)$ der verschiedenen Molekülsorten $k, 1 \leq k \leq N$, angetrieben von Gradienten der Temperatur und der chemischen Potentiale $\mu_k(\vec{r},t)$ sowie von spezifischen äußeren Kräften $\vec{f}_k(\vec{r},t)$. In jedem Punkt gilt $\sum_{k=1}^{N} \vec{j}_k = 0$.[42]

Integriert man diese Entropieproduktionsdichte über das Gesamtvolumen

[42] Das bedeutet Massenerhaltung in jedem Punkt. So muß z.B. ein CO_2-Strom, der einen Schornstein verläßt, durch einen entsprechenden Sauerstoffstrom in den Ofen ausgeglichen werden.

V, so erhält man die Entropieproduktion zur Zeit t als

$$\frac{\mathrm{d}_i S_{dis}}{\mathrm{d}t} = \int_V \sigma_{S,dis}(\vec{r}, t)\mathrm{d}V, \tag{3.11}$$

und man kann die *mittlere* dissipative Entropieproduktionsdichte in V definieren als

$$\frac{1}{V}\frac{\mathrm{d}_i S_{dis}}{\mathrm{d}t} = \frac{1}{V}\int_V \sigma_{S,dis}(\vec{r}, t)\mathrm{d}V. \tag{3.12}$$

Einsetzen der expliziten Form von $\sigma_{S,dis}$ aus Gl. (3.10) ergibt

$$\frac{1}{V}\frac{\mathrm{d}_i S_{dis}}{\mathrm{d}t} = \frac{1}{V}\int_V \{\vec{\jmath}_Q \vec{\nabla}(1/T) + \sum_{k=1}^{N} \vec{\jmath}_k[-\vec{\nabla}(\mu_k/T) + \vec{f}_k/T]\}\mathrm{d}V. \tag{3.13}$$

Mit den Definitionen

- *thermische Pollution*

$$p_{th} \equiv \frac{1}{V}\int_V \vec{\jmath}_Q \vec{\nabla}\frac{1}{T}\mathrm{d}V, \tag{3.14}$$

- *chemische Pollution durch die Moleküle der Sorte k*

$$p_k \equiv \frac{1}{V}\int_V \vec{\jmath}_k[-\vec{\nabla}(\mu_k/T) + \vec{f}_k/T]\mathrm{d}V, \tag{3.15}$$

- *gesamte Pollution*

$$p \equiv \frac{1}{V}\frac{\mathrm{d}_i S_{dis}}{\mathrm{d}t} \tag{3.16}$$

wird die Gleichung (3.13) zu

$$p = p_{th} + \sum_{k=1}^{N} p_k. \tag{3.17}$$

Folglich ist die Gesamtverschmutzung (Pollution) in dem gegebenen Volumen formal definiert als die Summe der über das Volumen gemittelten thermischen und stofflichen Entropieproduktionsdichten. Gerechtfertigt ist diese Identifizierung von Entropieproduktion mit Umweltverschmutzung durch folgende Überlegung: Die Wärme- und Stoffstromdichten ($\vec{\jmath}_Q$) und ($\vec{\jmath}_k$), die p_{th} und p_k bestimmen, führen das Gebot des Zweiten Hauptsatzes aus, Energie und Materie so gleichförmig wie möglich im System zu verteilen. Im Nichtgleichgewichtssystem des Planeten Erde besorgen das die Wärme- und Stoffstromdichten, die den Öfen, Wärmekraftmaschinen und Reaktoren der Energieumwandlungsanlagen entweichen. Diese Emissionen ändern die Energieflüsse und die chemische

Zusammensetzung der Biosphäre, an die sich die Lebewesen und ihre Populationen im Laufe der Evolution (mehr oder weniger) optimal angepaßt hatten. Sind diese Veränderungen so stark, daß sie nicht durch die von der Sonne und der Wärmeabstrahlung in den Weltraum angetriebenen biologischen und anorganischen Prozesse rückgängig gemacht werden können, und erfolgen sie so schnell, daß biologische und soziale Anpassungsdefizite entstehen, werden die Emissionen als Umweltverschmutzung empfunden.

Da dieses Verständnis von Umweltverschmutzung kritische Grenzen und natürliche Umweltreinigungsraten impliziert, reicht der numerische Wert von p, wie er im Prinzip mit den angegebenen Gleichungen der Nichtgleichgewichtsthermodynamik berechnet werden kann, nicht aus, um die gesundheitlichen, ökologischen und sozio–ökonomischen Auswirkungen der Entropieproduktion zu erfassen. Man benötigt zumindest noch zwei Klassen phänomenologischer Parameter. Die erste Klasse enthält die kritischen Grenzwerte p_{Cth}, p_{Ck}, $k = 1, \ldots, N$ der verschiedenen Verschmutzungsarten. Letztendlich müssen diese Grenzwerte aufgrund chemischer, biologischer und klimatologischer Befunde im sozialen Konsens durch gesetzliche Normen festgelegt werden.[43] Die andere Klasse enthält die Reinigungsraten p_{0th}, p_{0k}, mit denen die Natur, d.h. Sonne und Weltraum, die Umweltverschmutzung mildern und die Annäherung an die kritischen Grenzen bremsen.

Dies alles zusammengenommen legt die Definition folgender Pollutionsfunktion nahe, die die Produktionselastizitäten in der Wachstumsgleichung (3.2) multipliziert:

$$\wp(p) \equiv \wp(p_{th}) \prod_{k=1}^{N} \wp(p_k). \tag{3.18}$$

Dabei ist $\wp(p)$ das Produkt aus ("gespiegelten Logistikfunktionen")

$$\wp(p_i) = \frac{\exp[-p_{Ci}/p_{0i}] + 1}{\exp[(p_i - p_{Ci})/p_{0i}] + 1}; \qquad i = th, k; \qquad k = 1, \ldots, N. \tag{3.19}$$

Dadurch wird der wachstumsbegrenzende Effekt der Umweltverschmutzung beschrieben: Solange alle p_i weit unter ihren kritischen Grenzwerten p_{Ci} liegen, ist die Pollutionsfunktion $\wp(p)$ gleich 1, und man hat die Wachstumsgleichungen des Abschnitts 3.1 ohne thermodynamische Grenzen. Wenn jedoch die Umweltverschmutzung zunimmt und sich einem der Grenzwerte p_{Ci} annähert,

[43] Daß sich diese Festlegungen durchaus in den Formen des Kuhhandels und Pokerns vollziehen können, zeigen die Verhandlungen zur Klimarahmenkonvention der Vereinten Nationen.

fällt die entsprechende Funktion $\wp(p_i)$, und somit auch die die Produktionselastizitäten multiplizierende Funktion $\wp(p)$, auf Werte unter 1, so daß ein gegebener Zuwachs an Produktionsfaktoren nicht mehr dasselbe Wachstum der Wertschöpfung bedingt wie im Falle von $\wp(p) = 1$. Das simuliert die erwartete, eingangs angedeutete Reaktion der Gesellschaft auf hinreichend gefährliche Bedrohungen der natürlichen Lebensgrundlagen: Ein Teil der Produktionsfaktoren wird der traditionellen Wertschöpfung entzogen und der Umweltentlastung zugewendet.

Wie oben geschildert, ist es im Prinzip möglich, alle chemische und radioaktive Umweltbelastung in thermische umzuwandeln. Täte man das, weil man letztere als die harmloseste Form der Entropieproduktion wertet, so bestünde die Pollutionsfunktion nur aus der thermischen Komponente $\wp(p_{th})$. Diese kann folgendermaßen konstruiert werden: Bei Betrachtung der ganzen Biosphäre ist p_{th} proportional zum letztendlich immer in Wärme endenden Weltenergieumsatz E_W (derzeit etwa 10^{13} Watt (W)); die Reinigungsrate p_{0th} ist proportional zu der Wärmeleistung, die die Erde im Strahlungsgleichgewicht mit Sonne und Weltraum abstrahlt, also $1,7 \cdot 10^{17}$ W; und die kritische Grenze p_{Cth} ist proportional zur Hitzemauer von $3 \cdot 10^{14}$ W. Folglich ist in diesem einfachen Fall nur thermischer Verschmutzung die Pollutionsfunktion des Systems Erde mit dem Energieumsatz E_W

$$\wp(p)_W = \wp(p_{th})_W = \frac{\exp[-3 \cdot 10^{14}\mathrm{W}/1,7 \cdot 10^{17}\mathrm{W}] + 1}{\exp[(E_\mathrm{W} - 3 \cdot 10^{14}\mathrm{W})/1,7 \cdot 10^{17}\mathrm{W}] + 1} \quad . \tag{3.20}$$

Die Schadstoff–Wärmeäquivalente einer Energiequelle sind ein Maß dafür, wie schnell bei Entsorgung aller Schadstoffe bis zu den jeweils vorgegebenen Grenzwerten die Nutzung dieser Energiequelle zur Annäherung an die Hitzemauer führt.

Jenseits der Hitzemauer sind rein theoretisch noch emissionskompensierende Maßnahmen denkbar, die das Albedo der Erde erhöhen, z.B. durch abschattende Satelliten auf Nord–Süd–Umlaufbahnen oder Anstreichen großer Wüstengebiete mit hochreflektierender Farbe. Doch weit eher als dies Denkbare wird anderes machbar und sinnvoll sein.

Das Rohstoffproblem der begrenzten Materialmengen auf der Erde läßt sich vereinfacht so modellieren: Alle natürlichen Rohstofflager seien erschöpft. Dann kann man unter hinreichend hohem Einsatz von Kapital, Arbeit und Energie durch Recycling solange sinnvoll die in den Industrieprodukten enthaltenen Rohstoffe zurückgewinnen, wie die mittlere ökonomische Lebensdauer τ der Industrieprodukte kürzer ist als die Zeit $\frac{1}{\nu}$, nach der sie zur Rohstoffgewinnung dem Recyclingprozeß zugeführt werden müßten. Entsprechende Recyclingfunktionen und eine Gesamtrecyclingfunktion $\mathcal{R}(\nu, \tau)$, die auch die beim Recycling anfallenden Materialverluste berücksichtigen, kann man wie im Fall der Pollutionsfunktionen konstruieren.

Multipliziert man die Produktionselastizitäten in Gl. (3.2) mit $\wp(p)\mathcal{R}(\nu, \tau)$, so erhält man die Wachstumsgleichung mit Wachstumsgrenzen

$$\frac{\mathrm{d}q}{q} = \left[\alpha\frac{\mathrm{d}k}{k} + \beta\frac{\mathrm{d}l}{l} + \gamma\frac{\mathrm{d}e}{e}\right]\wp(p)\mathcal{R}(\nu, \tau) + \frac{\partial \ln q}{\partial t}\mathrm{d}t. \tag{3.21}$$

Der die menschliche Kreativität berücksichtigende Term $\frac{\partial \ln q}{\partial t}dt$ bleibt von den physikalischen Wachstumsgrenzen unberührt. Es gibt kein physikalisches Gesetz, das ihre Überwindung durch Erweiterung der Systemgrenzen verbietet. Die von Gerard K. O'Neill vorgeschlagene industrielle Expansion in den Weltraum mittels der Space–Shuttle, elektromagnetischer Massebeschleuniger und Satelliten–Sonnenkraftwerken würde das leisten [43, 44].

Qualitativ kann die Betrachtung der Wachstumsgrenzen zusammengefaßt werden im *zweiten Evolutionsprinzip der Produktionsfaktoren* und dem *Gesetz des abnehmenden Ertragszuwachses*, wie es in Zukunft wirksam werden wird [26].

- *Mit wachsender Industrialisierung und Umweltbelastung erweitert sich der Produktionsfaktor Boden zum Produktionsfaktor Raum.* Neben den klassischen Funktionen des Faktors Boden – Hervorbringung landwirtschaftlicher Produkte, Standort von Industrieanlagen – hat der Faktor Raum die zusätzliche Funktion der Aufnahme von Emissionen. Je größer der Raum, desto mehr Emissionen können in der Regel toleriert werden und desto später muß das Wachstum der Industrieproduktion wegen der Erreichung kritischer Emissionsgrenzen gedrosselt werden.

- *Beim Beharren auf erdgebundener Technologie bewirkt der zusätzliche Einsatz des Produktionsfaktors Energie bei Konstanthaltung des Faktors Raum eine Zunahme der Produktion; ab einem bestimmten Punkt jedoch wird jede zusätzliche Energieeinheit nur noch einen abnehmenden zusätzlichen Ertrag an Gütern und Dienstleistungen des traditionellen Warenkorbs erbringen. Diese Abnahme beruht auf der abnehmenden Emissions–Aufnahmekapazität des Raums. Wachsende Anteile der zusätzlichen Energieeinheiten müssen deshalb für Emissionsminderung oder Maßnahmen der Anpassung an geänderte Umweltbedingungen abgezweigt werden.*

Kapitel 4

Verteilung

Die Wohlstandsverteilung in einer Gesellschaft entscheidet darüber, ob die Gesellschaftsordnung von ihren Mitgliedern als gerecht empfunden und akzeptiert wird. Im Brennpunkt steht die Verteilung der Arbeit und des an sie gekoppelten Einkommens. Wichtig ist auch, wie die Lasten der Finanzierung der Staatsaufgaben und sozialen Sicherungssysteme verteilt werden.

4.1 Beschäftigung

In Abschnit 3.2 war mit Tabelle 3.2 schon auf die starken Veränderungen hingewiesen worden, die die Verteilung der Beschäftigten auf die Sektoren Landwirtschaft, Industrie und Dienstleistungen in den G7–Ländern zwischen 1970 und 1992 erfahren hat. Die Übernahme körperlicher Arbeit durch energiegetriebene Maschinen hat im Mittel die Beschäftigung in der Landwirtschaft halbiert und im Industriesektor um ein Viertel bis ein Drittel reduziert. Entsprechende Zunahmen verzeichnet der Dienstleistungssektor. Gleichzeitig dringen immer mehr Mikroprozessoren[1] in den Kapitalstock ein und erhöhen dessen Kapazität zur Informationsverarbeitung in einem Maße, daß auch für geistige Routinearbeit im Industrie– und Dienstleistungssektor der Mensch immer entbehrlicher wird. Das resultierende Ansteigen der Arbeitslosigkeit zeigt Tabelle 4.1. Eine Ausnahme bilden lediglich die USA, in denen besonders die Zahl der "working poor" zugenommen hat, die mit Tätigkeiten geringer Qualifikationsanforderung oft weniger verdienen als Arbeitslosen– und Sozialhilfeempfängern in Europa zugewendet wird.

Im Januar 1998 betrug die Arbeitslosenquote 10,5% in den alten und 21,2%

[1] Zusammengesetzt aus Transistoren, aktiviert von elektrischer Energie.

Tabelle 4.1 *Anteil der Arbeitslosen an den zivilen Erwerbspersonen der G7-Länder [25]*

Land	1970	1980	1985	1990	1992	1993	1994
Deutschland[a]	0.6	2.5	7.1	4.8	4.5	5.6	6.3
Frankreich	2.5	6.3	10.1	9.0	10.0	10.8	11.3
Großbritannien	2.4	6.1	11.4	7.0	10.0	10.4	9.0
Italien	5.4	7.7	9.6	10.0	10.3	11.1	11.9
Japan	1.2	2.0	2.6	2.1	2.2	2.5	3.0
Kanada	5.7	7.5	10.4	8.1	11.2	11.1	10.0
USA	5.0	7.2	7.1	5.5	7.4	6.7	5.8

[a]Nur alte Bundesländer

in den neuen Bundesländern[2]. Den Rationalisierungsdruck in der deutschen Wirtschaft zeigt die Tabelle 4.2.

Tabelle 4.2 *Investitionsziele[a] in der Bundesrepublik Deutschland[b] [45]*

Jahr	Kapazitätserweiterung	Rationalisierung	Ersatzbeschaffung
1961/65	37	52	11
1966/70	39	48	13
1971/75	43	40	17
1976/80	27	43	30
1981/85	29	44	27
1980	39	36	25
1985	34	44	22
1990	50	28	22
1991	50	27	23
1992	41	35	24
1993	30	41	29
1994	28	43	29
1995	38	34	28

[a]Prozent der mit dem Firmenumsatz gewichteten Unternehmen, die Kapazitätserweiterung, Rationalisierung oder Ersatzbeschaffung als Hauptziel ihrer Investitionen nannten.
[b]Nur alte Bundesländer.

Im Mittel investiert die deutsche Wirtschaft seit mehr als dreißig Jahren

[2]Mitteilung der Bundesanstalt für Arbeit vom 5. Februar 1998.

etwa ebensoviel in arbeitssparende Rationalisierungsmaßnahmen wie in Arbeitsplätze schaffende Kapazitätserweiterung. (Nur im Zuge der Wiedervereinigung Deutschlands wurde die plötzlich gestiegene Nachfrage aus den neuen Bundesländern drei Jahre lang durch stark gestiegene Erweiterungsinvestitionen befriedigt. Dann setzte sich wieder der langfristige Rationalisierungstrend durch.) Darum ist es irreführend, wenn ohne Differenzierung behauptet wird: "Investitionen schaffen Arbeitsplätze."

Der vom technischen Fortschritt bestimmte Trend zu wachsender Arbeitslosigkeit in den entwickelten Industrieländern wird durch die Globalisierung noch verschärft. Die von billigen Arbeitskräften in den Entwicklungs- und Schwellenländern produzierten Güter und Dienstleistungen werden mittels billiger Energie im Transportwesen und Internet schnell über den ganzen Globus verteilt und konkurrieren die Arbeitnehmer in den industriellen Hochlohnländern aus dem Markt. Trotz Wirtschaftswachstum und steigender Unternehmensgewinne werden die Arbeitslosenzahlen daher kaum zurückgehen, solange es sich betriebswirtschaftlich rechnet, Arbeitnehmer zu entlassen und durch Energiedienstleistungen, teils gestützt auf billige menschliche Arbeit in fernen Weltgegenden, zu ersetzen.[3] Ein Risiko darf dabei allerdings nicht übersehen werden: Je stärker mit wachsender Transistorisierung und Automation Energieströme und die ihnen digital aufgeprägten Datenflüsse die Produktion bestimmen, desto verwundbarer wird die Wirtschaft durch Energieflußblockaden infolge von Zufallsstörungen, Bedienungsfehlern oder menschlicher Aggressivität. Das Zusammentreffen von Kraftwerksausfall mit Nachfragespitzen und Netzüber-

[3]Ein Beispiel für die Dynamik, die da im Gange ist, zeigt ein Bericht in "Die Zeit" vom 26.12.97: Nordseekrabben werden seit einiger Zeit nicht mehr von norddeutschen Heimarbeiterinnen geschält, sondern von 5000 marokkanischen Niedrigstlohnarbeiterinnen. Billige Energie für Transport und Kühlung machen den viele Wochen dauernden und 5000 km langen Umweg vieler tausend Tonnen Krabben von der Nordseeküste über Nordafrika in deutsche Fischhandlungen zu einem guten Geschäft für das niederländisch-marokkanische Unternehmen. Doch inzwischen arbeiten die ersten Krabbenschälmaschinen an der deutschen Küste. Man hofft auf 10 bis 15 Arbeitsplätze. Wenn sich nach 35jähriger Entwicklungsarbeit der technische Fortschritt auch auf dem Gebiet des Krabbenschälens durchgesetzt haben wird, sind auch die Marokkanerinnen arbeitslos. – Ein anderes Beispiel ist das Aussterben des Setzerberufs, der bis vor kurzem die Spitze der Lohnskala für sich beanspruchte: Immer mehr Autoren setzen ihre Manuskripte selber mit Hilfe von Textverarbeitungsprogrammen auf dem Computer. Das Manuskript kann per Diskette – oder noch schneller und billiger per e-mail übers Internet – an den Verlag und von diesem an eine Druckerei irgendwo auf der Welt geschickt werden. Dort wird es nach geringfügiger Bearbeitung der elektronischen Datei gedruckt und/oder auf einen Server des Internet gelegt. Die Verteilung an die Kunden erfolgt per Flugzeug oder Zugriffsrechte auf den Server. Für Setzer gibt es nichts mehr zu tun. Der Autor und die übers Internet vernetzten Computer erledigen ihre Arbeit. Auch Bank- und Börsengeschäfte werden in zunehmendem Maße elektronisch abgewickelt.

lastung hat schon zu großräumigen Zusammenbrüchen der Elektrizitätsversorgung geführt. Der elektromagnetische Blitz einiger im erdnahen Weltraum gezündeter Kernwaffen kann fast alle Transistoren vernichten und damit die Wirtschaft weltweit zum Erliegen bringen. Ähnlich wirksam dürfte auch die systematische Zerstörung der Knotenpunkte der Telekommunikation sein.

4.2 Einkommen

Die in immer weitere Anwendungfelder vorstoßende und immer wirkungsvoller eingesetzte Energie hat nach den Untersuchungen des Abschnitts 3.1 etwa die Hälfte des Wirtschaftswachstums in Deutschland, Japan und den USA getragen. Die hohe mittlere Produktionselastizität der Energie und die niedrige der Arbeit aus der Tabelle 3.1 addieren sich zu Werten zwischen rund 60 bis 70 %. Diese entsprechen in etwa den Anteilen der Bruttoeinkommen aus unselbständiger Arbeit am Volkseinkommen, die für die G7–Länder in Tabelle 4.3 ausgewiesen sind. Die Vermutung liegt nahe, daß in der Vergangen-

Tabelle 4.3 *Bruttoeinkommen aus unselbständiger Arbeit, in Prozent des Volkseinkommens*[a] *[25]*

Land	1970	1980	1985	1990	1991	1992
Deutschland[b]	67.8	75.9	73.2	70.4	71.2	71.9
Frankreich	63.9	74.9	73.6	69.9	70.7	70.5
Großbritannien	77.0	80.0	74.0	74.9	76.2	75.8
Italien	58.7	57.4	56.6	56.7	57.1	57.3
Japan	52.8	66.8	68.1	70.0	71.4	73.8
Kanada	73.3	70.0	69.4	72.9	75.4	76.7
USA	77.3	77.6	74.8	75.7	76.3	76.4

[a]Differenz zu 100: Bruttoeinkommen aus Unternehmertätigkeit und Vermögen.

[b]Nur alte Bundesländer.

heit starke Gewerkschaften in den Tarifverhandlungen den Beitrag der Energie zur Wertschöpfung erfolgreich für die Arbeitnehmer, und damit für breite Bevölkerungsschichten, reklamieren konnten. Die westlichen Demokratien incl. Japan sind mit der Verteilung des Volkseinkommens nach dem Schlüssel 70% für die Arbeitnehmer, 30% für Unternehmer und Vermögensbesitzer nicht schlecht gefahren. Wohlstand für alle sicherte nicht nur den inneren Frieden, sondern überzeugte auch die Regierten und Regierenden in den ehemals sozialistischen Ländern Europas von den Vorteilen einer Beendigung des Kalten Krieges und der Zusammenarbeit in einer demokratisch-marktwirtschaftlich orientierten Welt. Doch mit dem Ende des Kalten Krieges und dem Fortfall des konkurrierenden, theoretisch egalitären Gesellschaftsmodells schwinden mit wachsender Automation und abnehmendem Einfluß der Arbeitnehmervertretungen die Anreize und Möglichkeiten zum Erhalt der bisherigen, sozial bewährten Einkommensverteilung. Selbst wenn die Gewerkschaften nicht durch wachsende Arbeitslosigkeit und sinkende Mitgliederzahlen geschwächt würden, könnten sie nur für eine abnehmende Zahl von Arbeitsplatzbesitzern etwas hinzugewinnen. Tonangebend für den neuen Trend sind die USA. Als einzige verbliebene Supermacht und vergleichsweise gutartiger Hegemon beeinflussen sie dank ihrer ökonomischen Potenz und Mediendominanz das Bewußtsein der Weltbevölkerung in immer stärkerem Maße. Das Vorbild USA prägt das Verhalten in allen Bereichen, auch und gerade in der Wirtschaft. Die in den USA mit der "Reagan Revolution" zu Einfluß gekommene ökonomische Lehre kehrt zu den längst überwunden geglaubten Anfängen des Kapitalismus zurück. Ihre von den Reformstaaten Osteuropas übernommenen wirtschaftspolitischen Prinzipien hat der gerade auch ökonomisch gescheiterte tschechische Regierungschef Vaclav Klaus als "Marktwirtschaft ohne Adjektive"[4] gepriesen. Sie haben diesen Ländern krasse Wohlstandsunterschiede ohne die erwartete schnelle Annäherung an das westliche Wohlstandsniveau beschert. Inzwischen behaupten auch Verantwortungsträger in Deutschland angesichts wachsender Arbeitslosigkeit und der Überforderung der sozialen Sicherungssysteme, eine Nachahmung der amerikanischen Wirtschafts- und Sozialpolitik und eine dementsprechend bessere Bedienung der "Besserverdienenden" bei der Wohlstandsverteilung seien gut für das Gemeinwohl.

Keineswegs hat die bisherige Verteilung der Wertschöpfung zu Nivellierung und Gleichmacherei und dem Verlust von Leistungsanreizen in den westlichen Industrienationen geführt. Das zeigt die Tabelle 4.4. Danach ist in den USA der Wohlstand am größten und die Ungleichheit in seiner Verteilung am weitesten fortgeschritten. Durchschnittsmaße sind für ersteren das Bruttoinlandprodukt pro Kopf und für letztere der Gini–Koeffizient.[5] Ferner sieht man beim

[4] D.h. Marktwirtschaft ohne soziale Rahmenbedingungen.

[5] Das einfachste Maß ökonomischer Ungleichheit ist eine sog. Lorenz–Kurve. Sie gibt an, welchen Anteil, $y\%$, am gesamten Volkseinkommen die $x\%$ ärmsten Haushalte haben, deren Einkommen geringer ist als das der Haushalte, die zum Bereich auf der Abszisse oberhalb von x gehören (dabei gehen die Zahlenwerte auf der y Ordinate und der x Abszisse jeweils von 1 bis 100). Wären alle Einkommen gleich, dann erhielten die untersten 10% auch 10% des Gesamteinkommens (und wären nur im Sinne einer Zählweise "unten"). Die Lorenz–Kurve läge in diesem Fall auf der Winkelhalbierenden zwischen der y– und der x–Achse. Da

Vergleich der Tabellen 4.3 und 4.4, daß in den USA, in denen häufig die Einkommen von formal unselbständig beschäftigten Unternehmensmanagern an die Unternehmensgewinne gekoppelt sind, ein hoher Anteil der unselbständig Beschäftigten am Volkseinkommen mit großen Unterschieden in der Einkommensverteilung einhergeht. Die Spitzenverdiener mit hohen Einkommen fragen viele niedrig bezahlte Dienstleistungen der "working poor" nach.

Tabelle 4.4 *Gini-Koeffizienten als Maß der Ungleichheit [46] und relatives Bruttoinlandprodukt pro Kopf [a] (BIP/Kopf) [25]*

Land	Jahr	Gini (%)	BIP/Kopf, OECD = 100				
			1970	1975	1980	1985	1990
Finnland	1987	20.7	81	88	88	92	94
Schweden	1987	22.0	109	111	103	103	99
Norwegen	1986	23.4	77	85	93	100	93
Belgien	1988	23.5	90	96	98	93	95
Luxemburg	1985	23.8	108	108	105	108	116
Deutschland	1984	25.0	105	104	108	106	107
Niederlande	1987	26.8	100	102	99	93	93
Kanada	1987	28.9	103	113	114	116	112
Australien	1985	29.5	-	-	-	-	-
Frankreich	1984	29.6	101	104	105	101	101
Großbritannien	1986	30.4	93	92	89	90	93
Italien	1986	31.0	85	86	94	92	93
Schweiz	1982	32.3	146	135	130	126	124
Irland	1987	33.0	50	54	55	55	63
USA	1986	34.1	140	135	132	132	128
Japan	-	-	80	84	89	95	100

[a] Auf der Basis von Kaufkraftparitäten; das durchschnittliche BIP/Kopf der OECD ist 100. OECD = Organisation für wirtschaftliche Zusammenarbeit, derzeit 25 industriell entwickelte Marktwirtschaften.

Auch die Verteilung des Markteinkommens belegt die Ungleichheit der Wohlstandsverteilung in den industriell entwickelten Marktwirtschaften:

in Wirklichkeit die ärmsten 10% jedoch weniger als 10% des Gesamteinkommens erhalten, liegt die Lorenz-Kurve in der Regel unterhalb der Winkelhalbierenden. Der Gini-Koeffizient eines Landes ist nun definiert als das Verhältnis von "Fläche zwischen der landesspezifischen Lorenz-Kurve und der Winkelhalbierenden gleicher Einkommen" zu "Gesamtfläche (des Dreiecks) unterhalb der Winkelhalbierenden".

Gemäß Tabelle 4.5 erhalten die reichsten 10% aller Haushalte einen Anteil von 20 bis 30% am gesamten nationalen Markteinkommen. Etwa gleichviel bekommen die unteren 50%.

Tabelle 4.5 *Aggregierte Anteile am Markteinkommen (in Prozent) der unteren 50% und der obersten 10% aller Haushalte [46]*

Land	Jahr	untere 50%	oberste 10%
Schweiz	1982	24.5	32
Frankreich	1984	22	31
Irland	1987	20.5	30
USA	1986	22	28
Großbritannien	1986	20	27.5
Australien	1985	24	27
Deutschland	1984	23.5	27
Schweden	1987	18	26
Kanada	1987	25	26
Niederlande	1987	27.5	26
Italien	1986	26	25.5
Norwegen	1979	27.5	23
Luxemburg	1985	31	22
Belgien	1988	32	21.5

In Deutschland lebten fünf Jahre nach der Wiedervereinigung gemäß Tabelle 4.6 zwölf Prozent der Bevölkerung in Armut. Als arm gelten dabei alle Personen, deren Pro–Kopf–Einkommen unterhalb der Hälfte des Durchschnittseinkommens von 1952 DM liegt. Laut einer DPA–Meldung vom 30.12.97 hat sich im letzten Jahrzehnt die Anzahl der Haushalte mit einem Monatseinkommen von 10000 bis 25000 DM wie auch die Anzahl der Sozialhilfeempfänger verdoppelt. Auch wenn man bei der Bewertung dieser Zahlen berücksichtigen muß, daß viele Menschen aus Ländern mit schweren wirtschaftlichen Problemen ein Dasein als Sozialhilfeempfänger in Deutschland und anderen westlichen Industrieländern dem Leben in der Heimat vorziehen, besteht doch die Gefahr, daß zu große Gegensätze in der Einkommensverteilung Aggressionen derer auslösen, die sich benachteiligt fühlen. Es liegt daher im ureigensten Interesse der Besserverdienenden, daß sie ihren Wohlstand in einer Gesellschaft sozialen Friedens ohne gefährlich große Einkommensunterschiede genießen können und nicht wie in Lateinamerika und Teilen der USA ihre Familien und Wohngebiete durch bewaffnete private Sicherheitsdienste schützen müssen.

Tabelle 4.6 *Prozentsatz der deutschen Bevölkerung Mitte der 90er Jahre in den (mittleren äquivalenten) Pro–Kopf–Einkommensbereichen [47]*

Pro–Kopf–Einkommen in DM	Prozent des nationalen mittleren Pro–Kopf–Einkommens	Prozent der Bevölkerung
unter 976	unter 50	12.3
976 bis 1467	50 bis 75	25.4
1467 bis 1757	75 bis 90	16.4
1758 bis 2147	90 bis 110	15.5
2148 bis 2440	110 bis 125	8.6
2441 bis 2928	125 bis 150	9.6
2929 bis 3904	150 bis 200	7.8
über 3904	über 200	4.4

4.3 Konsum

Das Einkommen eines durchschnittlichen deutschen Arbeitnehmerhaushalts wurde gemäß Tabelle 4.7 von 1960 bis 1990 immer stärker durch Wohnungsmieten beansprucht, während die Aufwendungen für Essen, Trinken und Genußmittel um fast 50% sanken. Der geringe Anteil der Energiekosten blieb mit 5 bis 6% konstant und ist vergleichbar mit dem industriellen Energiekostenanteil.

Tabelle 4.7 *Monatliche Verbrauchsausgaben eines westdeutschen Vierpersonenhaushalts mit durchschnittlichem Arbeitnehmer–Einkommen [30]*

Jahr	1960	1965	1970	1975	1980	1985	1990
Gesamt[a] in DM	642	881	1098	1801	2443	2865	3452
	in Prozent						
Wohnungsmiete u.ä.	9.9	11.2	15.5	15.5	16.4	19.6	21.6
Nahrungs- u. Genußmittel	43.5	40.0	35.3	29.8	28.1	25.7	24.1
Kleidung, Schuhe	13.1	11.9	10.8	9.9	9.3	8.2	8.1
Elektrizität, Gas, Brennstoffe	4.5	4.5	4.7	5.1	6.5	7.3	5.3
Übrige Haushaltsgüter	7.9	10.0	9.0	9.9	9.4	8.0	7.2
Bildung, Unterhaltung	8.4	6.5	7.3	8.8	8.6	9.0	10.6
Körper- u. Gesundheitspflege	4.8	3.4	3.6	3.0	3.0	3.2	3.7
Verkehr, Nachrichten	4.7	9.7	10.8	13.8	14.0	14.8	15.9
Sonstiges	3.2	2.8	3.0	4.2	4.8	4.1	3.5

[a] Enthält nicht private Versicherungen, Transferleistungen und Schenkungen

Bei den für das Jahr 1993 in Tabelle 4.8 detailliert ausgewiesenen Ausgaben der deutschen Privathaushalte fällt auf, daß für Energie im Haushalt (Heizung, Strom und Gas) weniger aufgewendet wird als für Gaststättenbesuche. Die Treibstoffverbrennung in ihren Kraftfahrzeugen kostete die deutschen Privathaushalte nur knapp das Doppelte der Tabakverbrennung.

Tabelle 4.8 *Wie die privaten Haushalte Gesamtdeutschlands ihr im Jahr 1993 verfügbares Einkommen von 2086 Milliarden DM ausgaben; Angaben in Vielfachen von Mrd. DM*[a]

Mieten	306
Ersparnis	257
Nahrungsmittel	212
Bildung, Unterhaltung, Freizeit	204
Reisen, Schmuck u.ä.	145
Bekleidung	115
Gesundheits- u. Körperpflege	109
Öffentliche Verkehrsmittel u.ä.	108
Haushaltsgeräte	108
Autos	95
Verzehr in Gaststätten u.ä.	82
Heizung, Strom, Gas	75
Getränke	63
Kraftstoffe	60
Möbel	59
Post, Telefon	38
Tabakwaren	32
Schuhe	21

[a]Quelle: Statistisches Bundesamt, zitiert nach Süddeutscher Zeitung v. 10.01.95

Konsumausgaben im internationalen Vergleich zeigt die leider wenig detaillierte Tabelle 4.9. Doch auch aus ihr geht hervor, daß wie in Deutschland die Ausgaben für Nahrungs- und Genußmittel in allen 15 Mitgliedsländern der Europäischen Union sowie Japan, Kanada und den USA sanken.

Vom gesamten Bruttoinlandprodukt entfielen in den Ländern der Tabelle 4.9 im Jahr 1992 auf den privaten Verbrauch zwischen 50 und 70% (Deutschland 54%, Japan 57%, USA 67%), auf die Kapitalbildung zwischen 15 und

Tabelle 4.9 *Struktur des privaten Verbrauchs, in Prozent des gesamten privaten Verbrauchs, in den Jahren 1970 und 1992 [25]. NG = Nahrungs- u. Genußmittel; MBE = Miete, Brennstoffe, Energie; BUE = Bildung, Unterhaltung, Erholung; VN = Verkehr und Nachrichtenübermittlung*

Land	NG		MBE		BUE		VN	
	1970	1992	1970	1992	1970	1992	1970	1992
Belgien	31.4	17.9	15.2	16.8	4.0	6.3	10.4	13.2
Dänemark	30.2	21.3	18.3	28.3	8.2	10.2	15.0	15.4
Deutschland	29.4	20.4	16.0	21.0	10.0	10.5	13.7	17.7
Finnland	31.6	23.5	17.3	22.3	5.7	9.3	14.7	14.1
Frankreich	27.1	18.9	14.5	20.3	6.1	7.7	11.6	16.3
Griechenland	42.2	38.1	14.3	13.1	4.9	5.8	8.5	15.5
Großbritannien	26.0	21.5	16.9	19.3	8.5	10.1	12.5	16.7
Italien	38.7	20.1	13.0	16.0	7.6	8.9	10.3	12.2
Irland	46.2	45.6	11.8	12.6	8.0	12.3	10.4	13.0
Luxemburg	28.1	19.1	17.5	20.4	4.0	4.3	10.9	19.2
Niederlande	25.8	14.7	12.2	18.3	8.4	10.0	9.3	13.3
Österreich	35.4	20.7	11.6	19.0	6.5	8.0	13.1	18.0
Portugal	-	38.8	-	5.2	-	6.0	-	16.1
Schweden	28.8	19.4	21.1	30.8	8.5	9.6	13.8	15.8
Spanien	34.8	21.3	13.6	13.1	6.0	6.9	9.0	16.3
Japan	30.0	19.9	16.0	20.0	9.1	10.2	7.7	9.7
Kanada	21.9	15.6	19.7	24.1	9.4	11.0	13.7	14.2
USA	18.6	12.0	18.0	18.4	8.6	10.3	15.0	13.7

30% (Deutschland 21%, Japan 30%, USA 15%), und der Staat beanspruchte für seine Verwaltungsdienste, Aufrechterhaltung der öffentlichen Sicherheit und Ordnung, Bildung und Ausbildung, Sozialhilfe etc. zwischen 9 und 28% (Deutschland 18%, Japan 9%, USA 18 %; 1970: Deutschland 16%, Japan 7%, USA 19%) [25].

Der Energiekonsum pro Kopf in den G7–Ländern und im OECD–Mittel – die in Tabelle 4.10 gezeigte Voraussetzung des übrigen Konsums – hat in Nordamerika das höchste Niveau. Deutschland liegt um 40% darunter, übertrifft aber noch die restlichen G7–Länder.

Der absolute Primärenergieverbrauch und die CO_2–Emissionen der verschiedenen Weltgegenden in Tabelle 4.11 zeigen die Dominanz des industriellen Nordens in der Beanspruchung der natürlichen Ressourcen. Insbesondere konsumieren die 80 Millionen Deutsche etwa so viel Primärenergie und CO_2–

Tabelle 4.10 *Primärenergieverbrauch pro Kopf und Jahr in Tonnen Steinkohleeinheiten [25]. Derzeitiges Weltmittel: 2.3 tSKE*

Land	1970	1980	1985	1990	1992
Deutschland	5.2	6.0	5.7	6.2	5.9
Frankreich	3.8	4.5	4.0	5.2	5.4
Großbritannien	4.9	4.8	4.8	5.3	5.4
Italien	2.6	3.3	3.4	3.9	4.0
Japan	-	3.7	3.7	4.6	4.7
Kanada	8.8	10.4	9.9	11.1	11.0
USA	10.8	10.3	9.5	10.9	10.7
OECD	6.2	6.6	6.4	6.8	6.8

Absorptionskapazität der Biosphäre wie die 600 Millionen Afrikaner oder die über 450 Millionen Südamerikaner. Die 250 Millionen US–Amerikaner übertreffen diesen Verbrauch noch einmal um den Faktor sechs.

Tabelle 4.11 *Primärenergieverbrauch und energiebedingte CO_2–Emissionen nach Ländergruppen in 1992; in Prozent der globalen 344800 Petajoule ($\approx$ 12 Mrd. t SKE) und 22.3 Mrd. t CO_2 [32]*

Region	Primärenergie	CO_2–Emissionen
Nordamerika	29	27
Asien und Ozeanien	27	28
Europa ohne frühere UdSSR	20	20
frühere UdSSR	16	14
Südamerika	4	5
Afrika	4	3
Mittlerer Osten	-	3
Deutschland	4	4
USA	24	$\approx$ 24

Den Nachholbedarf der Entwicklungsländer gegenüber den Industrieländern im Bezug auf Wertschöpfung und Energieverbrauch zeigt Tabelle 4.12. Vergrößert wird er durch die Bevölkerungsentwicklung gemäß Tabelle 4.13, die auch die wachsenden Energie– und Umweltprobleme ahnen läßt. Die Entwicklung des weltweiten Energiebedarfs schätzt Heinloth [33] so ein: "Der weltweite Bedarf an Primärenergie ist im Lauf der letzten 3 Jahrzehnte von ca.

5 auf ca. 13 Mrd. t SKE gestiegen, dies hauptsächlich durch steigenden Bedarf in den heutigen Industrieländern. Er wird im Lauf der nächsten 5 Jahrzehnte voraussichtlich weiter steigen, und zwar von ca. 13 auf 17 bis 21 Mrd. t SKE, dies vor allem durch den steigenden Bedarf in heutigen Entwicklungsländern mit starker wirtschaftlicher Entwicklung .... Dabei wird in diesen Ländern der Energieverbrauch pro Person schließlich immer noch weit unter dem Energieverbrauch pro Person in heutigen Industrieländern liegen, dies u.a. auch bedingt durch eine hoffentlich erzielbare Steigerung der Effizienz der Energienutzung bis um etwa 100 Prozent in diesen Ländern."

Tabelle 4.12 *Bevölkerungsverteilung im Jahr 1992 sowie Bruttoinlandprodukt (BIP) pro Kopf [25] und Primärenergieverbrauch im Jahr 1990 [32, 48]*[a]

Region	Bevölkerung (Millionen)	BIP/Kopf (US $)	Primärenergie (Petajoule)
Welt	5 398	4 200	340 661
Entwickelte Marktwirtschaften	847	19 000	169 181
Entwicklungsländer	4 170	990	94 647
Osteuropa & frühere UdSSR	381	4 900	76 833

[a]Die Daten für Osteuropa und die frühere UdSSR sind unsicher. Die Anteile von China und Indien am Primärenergieverbrauch der Entwicklungsländer betragen 30 und 11 Prozent.

Tabelle 4.13 *Vergangenes und erwartetes künftiges Wachstum von Bevölkerung, Bruttoinlandprodukt und Primärenergieverbrauch; jährliche Wachstumsraten in Prozent [49]*

Region	Bevölkerung		BIP		Energie	
	1971-91	91-2010	1971-91	91-2010	1971-90	90-2010
Welt	1.9	1.5	3.0	3.0	2.5	2.0
Entwickelte Marktwirtschaften	0.8	0.4	2.9	2.4	1.4	1.3
Entwicklungsländer	2.2	1.8	4.4	5.1	5.6	4.0
Osteuropa & frühere UdSSR	0.7	0.5	2.2	1.4	2.7	0.2

Kapitel 5

Entwicklung

Reduktion des fossilen Energieverbrauchs zur Schonung der natürlichen Lebensgrundlagen ist das Gebot der Stunde und der Zukunft. Dem stimmen alle zu und tun doch nur wenig dafür, weil Energieverschwendung bequem und billig ist. Dabei haben Naturwissenschaft und Technik eine Fülle von Instrumenten des sparsamen Umgangs mit Energie und zur Erschließung emissionsarmer Energiequellen entwickelt. Hingewiesen haben darauf u.a. das *Energiememorandum 1995* der Deutschen Physikalischen Gesellschaft [9] und die *Erklärung der Deutschen Physikalischen Gesellschaft zur CO_2-Emissionsminderung* [10]. Zudem werfen die vorangegangenen Kapitel die Frage auf, ob Energiedienstleistungen von Wärmekraftmaschinen und Transistoren noch stärker als bisher Hirn und Hand des Menschen aus dem Prozeß der Wertschöpfung verdrängen dürfen. Effiziente Energienutzung in enger Kooperation der energiewirtschaftlichen Akteure, Energiegewinnung aus dem Sonnenfeuer und die Übertragung des Verfassungsgebots der Besteuerung nach Leistungsfähigkeit von den Individuen auf die Produktionsfaktoren sind technische und wirtschaftschaftspolitische Optionen, die bedacht werden sollen.

5.1 Effizienz und Kooperation

Das wiedervereinigte Deutschland verbrauchte im Jahr 1994 14000 Petajoule (= 478 Mio. t Steinkohleeinheiten) an Primärenergie. Diese besteht aus Erdöl (40,5%), Erdgas (18,5%), Steinkohle (15,1%), Braunkohle (13,3%), Kernenergie (10,2%) sowie Wasserkraft und sonstige (2,4%). Bei ihrer Verarbeitung zu 9000 PJ Endenergie, bestehend aus Treibstoffen (29,3%), Gas (23,5%), Heizöl (18,1%), Strom (17,1%), Kohlebrennstoffen (7%) und sonstigen, gingen 23%, d.h. 3220 PJ, als Umwandlungsverluste verloren. Aus den 9000 PJ

Endenergie gewannen Verkehr, Haushalte, Kleinverbraucher und Industrie eine Nutzenergie von 4200 PJ. Die restlichen 54%, also 4800 PJ, sind wiederum Verlustenergie. [33] *Insgesamt wird also weniger als ein Drittel der eingesetzten Primärenergie in Energiedienstleistungen umgesetzt.* Der Rest geht als Abwärme in die Umwelt. Die Verluste sind weitaus größer als die nach dem Zweiten Hauptsatz der Thermodynamik unvermeidliche Energieentwertung. Darum kann durch verbesserte Techniken der Energieumwandlung und –nutzung noch viel Primärenergie bei unveränderten Energiedienstleistungen eingespart werden.

Die technischen Maßnahmen der *rationellen Energieverwendung* (REV) lassen sich in zwei Klassen einteilen: 1. Wirkungsgradverbesserungen der Wärmekraftmaschinen und verbesserte Wärmedämmung der Gebäude und Wärmetransportleitungen verringern die Abwärmemengen. 2. Die in den noch anfallenden Abwärmemengen vorhandene *Exergie* wird zur Verrichtung weiterer Energiedienstleistungen herangezogen. Exergie ist dabei der wertvolle Anteil einer Energiemenge, der in jede andere Energieform, insbesondere auch Arbeit, umgewandelt werden kann. Zwar verringert sich in jedem Energieumwandlungsprozeß ein Teil der Exergie wegen der unvermeidlichen Entropieproduktion in wertlose *Anergie*, d.h. Wärme bei Umgebungstemperatur.[1] Aber die verbleibende Exergie kann mittels Wärmetauschernetzwerken, Wärmepumpen und der Erzeugung von Strom und Raum- oder Prozeßwärme in Anlagen der Kraft–Wärme–Kopplung noch vielen nützlichen Zwecken zugeführt werden.

Das Problem derartig effizienter Primärenergienutzung sind die mit den Techniken der rationellen Energieverwendung verbundenen Kosten.

Gestützt auf die Untersuchungen der Enquete–Kommission des Deutschen Bundestages *Vorsorge zum Schutz der Erdatmosphäre* gibt Heinloth [33] die technischen und wirtschaftlichen Potentiale für eine Verminderung des Energieeinsatzes in den verschiedenen Energienutzungsbereichen Gesamtdeutschlands an. Erstere bezeichnen die technisch machbaren, letztere die mit vertretbarem Kostenaufwand realisierbaren Reduktionsmöglichkeiten[2] in Prozent der derzeitigen Energieverbrauchswerte. Danach ergeben sich die technischen Reduktionspotentiale für Endenergie zu 35 – 45 % und für Primärenergie zu 30 – 40%, während die wirtschaftlichen Potentiale für Endenergie nur zwischen 20 und 35 % und für Primärenergie zwischen 15 und 30 % liegen. Aus dem Vergleich der Verhältnisse Primärenergie : Endenergie : Nutzenergie weltweit und in Deutschland kommt Heinloth zu dem Schluß, "daß das weltweite Poten-

[1] In diesem Sinne spricht man von "Energieverbrauch". Die fossilen Primärenergieträger und elektrische Energie bestehen praktisch zu 100% aus Exergie.

[2] Durch Maßnahmen der 1. Klasse und Kraft–Wärme–Kopplung.

tial der Verminderung des Energiebedarfs durch effizientere Energie-Nutzung prozentual insgesamt von ähnlicher Höhe ist, wie in ... Deutschland ..."

Altner, Dürr, Michelsen und Nitsch [50] analysieren eine nach heutigen Kenntnissen technisch mögliche Entwicklung der rationellen Energieverwendung in Deutschland bis zum Jahr 2010. Im Vergleich zu einer von der o.g. Enquetekommission entworfenen Referenzentwicklung ohne REV erhalten sie folgende Gesamtbilanz: "Der Korridor der möglichen Energieeinsparungen liegt bis zum Jahr 2010 im Vergleich zur Referenzentwicklung (und zum Jahr 1993 mit praktisch identischer Verbrauchshöhe) zwischen 16 und 23%. ... Diese Einsparziele verlangen zusätzliche private und öffentliche Investitionen in Energieumwandlung und –nutzung gegenüber der Referenzentwicklung. Sie betragen *kumuliert bis 2010 zwischen 220 und 375 Mrd. DM*, belaufen sich also durchschnittlich auf *14 bis 24 Mrd. DM pro Jahr.*"

Die Arbeitsgruppe Energiesystemanalyse an der Universität Würzburg hat mit den Methoden der thermoökonomischen Exergieanalyse die Potentiale der rationellen Energieverwendung mittels der 2. Klasse technischer Maßnahmen untersucht. Für nationale Energiesysteme wurden sie grob abgeschätzt und für regionale Systeme detailliert analysiert. Den Berechnungen nationaler industrieller Einsparpotentiale wurden die zwischen 1970 und 1990 ermittelten Energie–Exergie–Bedarfsprofile der Niederlande, (West-) Deutschlands, Japans und der USA zugrundegelegt. Danach kann der vorgegebene industrielle Bedarf gegenüber der Situation ohne REV mit einem um 25% in Deutschland, 30% in den USA und 45% in den Niederlanden und Japan reduzierten Primärenergieeinsatz befriedigt werden [51, 52]. Die deutlichen Unterschiede in der Größe der nationalen Einsparpotentiale sind durch die sehr verschieden strukturierten Bedarfsprofile bedingt. Die jährlichen Kosten des gesamten Energiesystems setzen sich zusammen aus den (annuitätisch über die Lebenszeit der Anlagen verteilten) Investitionskosten für die miteinander kombinierten konventionellen Verbrennungstechniken und die rationellen Energienutzungstechniken, den Kapital- und Unterhaltskosten und den Energiekosten. Simuliert man betriebswirtschaftlich rationales Unternehmerverhalten durch die Annahme, daß die Techniken der REV nur eingesetzt werden, wenn dadurch keine höheren Kosten entstehen als ohne sie, so liefert die Energieoptimierung unter Vorgabe dieser Kostenobergrenze, daß das deutsche Einsparpotential erst voll ausgeschöpft wird, wenn der mittlere Energiepreis gegenüber dem 1986 gültigen Preis von 24$ pro Barrel Rohöl verdoppelt bis verdreifacht wird. Ohne diese Energiepreiserhöhungen würde die REV die Gesamtkosten des industriellen Energiesystems um mehr als 30% steigern [52]. Soll der vorgegebene Energiebedarf von Industrie *und* Haushalten im Deutschland der 80er Jahre gemeinsam befriedigt werden, so könnten mit um 50% gestiegenen Kosten über 40% der Primärenergie und der CO_2–Emissionen eingespart werden [53]. – Diese Abschätzungen wurden für statische, hochaggregierte Energiebedarfsprofile durchgeführt. Anschließend entwickelte stochastische und dynamische Modelle der Energie–, Emissions– und Kostenoptimierung bilden alle Bedarfsprozesse in kommunalen Energiesystemen mit ihren zeitlichen Schwankungen des Energiebedarfs und Phasenverschiebungen zwischen den Nachfragen nach Strom und Wärme detailliert ab und beschreiben ihre Versorgung durch die Verbrennung von Kohle, Öl und Gas unter Nutzung der Techniken rationeller Energieverwendung. Unterstützt werden diese durch solarthermische Anlagen und Energiespeicher [54, 55].[3] Für süddeutsche Modellgemeinden findet man gegenüber Referenzszenarien mit ausschließlich konventioneller Energieversorgung Energieeinsparmöglichkeiten von 30 bis 50%, verbunden mit Minderungen der Emissionen von CO_2–Äquivalenten und NO_x im selben Prozentbereich, während SO_2– und Staubemissionen deutlich stärker reduziert werden können. Die Optimierungsergebnisse hängen sehr sensibel von der Struktur des Energiebedarfs und den Minderungszielen ab. Will man z.B. nur den Raumwärme– und Elektrizitätsbedarf von Haushalten und Kleinverbrauchern befriedigen und dabei 30% der Energie einsparen, so leisten das gasbefeuerte Blockheizkraftwerke und Gaskessel ohne Kostensteigerungen. Treibt man jedoch die Einsparziele über die 40%–Grenze, so muß man verschiedene Anlagen der Kraft–Wärme–Kopplung, der Solarthermie und der Wärmespeicherung miteinander kombinieren und handelt sich dadurch Kostensteigerungen von fast 190% ein. Dem erheblich gesteigerten technischen Aufwand stehen nur geringe zusätzliche Einsparungen gegenüber, weil der Einsatz einer Technik der REV schon einen Großteil des Bedarfs befriedigt, den auch eine andere Technik bedienen könnte. So behindern Konkurrenzeffekte die volle Entfaltung der den verschiedenen Techniken der REV innewohnenden Einsparpotentiale. Hätte man andererseits bei der Errichtung der Gebäude durch Wärmedämmung ihren Raumwärmebedarf halbiert, ließen sich Energieeinsparungen von 50% bei Kostensteigerungen von nur knapp 10% erzielen [55]. Hier zeigt sich, wie wichtig es ist, die Wärme-

[3] In dem am weitesten fortgeschrittenen dynamischen Energie–, Emissions– und Kosten–Optimierungsmodell *deeco* [55] werden die folgenden Techniken berücksichtigt: Heizkessel inkl. Brennwertkessel; Heiz– und Kraftwerke inkl. Schadstoffrückhaltung und –entsorgung; Kraft–Wärme–Kopplung (Heizkraftwerke, Blockheizkraftwerke, Gasturbinen) in Verbindung mit Fern– und Nahwärmenetzen und Wärmespeichern; Wärmetauscher, auch zur Abwärmenutzung aus Industrieanlagen; Wärmedämmung; Gas– und Elektrowärmepumpen, die Wärme der Außenluft, des Erdreichs und aus Industrieprozessen aufwerten; Sonnenkollektoren und Speicher für solare Wärme.

schutzverordnung konsequent anzuwenden und fortzuschreiben.[4]

Viele weitere, voneinander unabhängige Studien und konkrete praktische Erfahrungen belegen, daß mit den heute vorhandenen Techniken erhebliche Energieeinsparungen und Emissionsminderungen erzielt werden können [56, 57, 58, 59]. Häufig erfordert ihre Realisierung allerdings eine enge Kooperation der energiewirtschaftlichen Akteure. Das gilt besonders für die vernetzenden Maßnahmen der 2. Klasse. Diese Kooperation wird durch mangelnde individuelle Bereitschaft, aber auch rechtliche Strukturen behindert, die z.B. die Lieferung industrieller Abwärme an städtische Energieversorgungsunternehmen nicht überall zulassen. Auch Desinteresse von Bauherren, Architekten und Handwerkern an einer möglichst effizienten Energieversorgung von Gebäuden ist ein Grund dafür, daß die vorhandenen Einsparpotentiale bei Neubau oder Sanierung nicht ausreichend realisiert werden. *Letztendlich ausschlaggebend für den immer noch zu langsamen technischen Fortschritt in Richtung effizienterer Energienutzung sind aber die niedrigen Preise der fossilen Energieträger, die keinerlei Anreize für kostenminimierende Investoren bieten, Kapital einzusetzen, um den Energie- und Umweltverbrauch zu verringern.*

5.2 Rückkehr zur Sonne

Im Laufe des nächsten Jahrhunderts wird die Weltbevölkerung nach den Schätzungen der Vereinten Nationen [60] von heute knapp 6 Milliarden auf über 10 Milliarden Menschen anwachsen. Auch wenn alle Anstrengungen zur Ausschöpfung der im 30%-Bereich liegenden Potentiale rationeller Energieverwendung unternommen würden, dürfte der Energiebedarf einer derart wachsenden Weltbevölkerung deutlich zunehmen. Man rechnet zwischen 1995 und 2050 mit einer Steigerung um 30 bis 60%. Dabei wird angenommen, daß der Energieverbrauch pro Kopf und Jahr in den Industrieländern mit durchschnittlich 6 t SKE [5] und im Weltmittel mit 2,3 tSKE konstant bleibt, während er in den Entwicklungsländern von 1 tSKE auf etwa das Doppelte steigt [33]. Die begrenzten Vorräte fossiler Energieträger sind in der Tabelle 3.5 des Ab-

[4]Allerdings nützt die beste Wärmeschutzverordnung nichts, wenn ein großes Münchener Baubetreuungsunternehmen, das nach eigenen Angaben ein gutes Stück Deutschland mitgestaltet hat, noch im Jahre 1993 in einem Hochhaus die Rohrleitungen zu den Heizkörpern ohne wärmedämmende Ummantelung im Estrich verlegen läßt. Selbst wenn die Heizkörper völlig abgestellt sind, kann aufgrund dieser Fußboden–Zwangsheizung die Raumtemperatur in einer Reihe von Wohnungen nur durch das Öffnen der Fenster auf das gewünschte Niveau abgesenkt werden.

[5]Siehe Tabelle 4.10.

schnitts 3.3 angegeben. Bei der gegenwärtigen globalen Verbrauchsrate von rund 10 Mrd. t SKE pro Jahr würden die sicheren Reserven von rund 1000 Mrd. t SKE noch etwa 100 Jahre ausreichen. Doch die erwartete Steigerung der Verbrauchsrate wird sie schneller aufzehren. Die vermuteten Ressourcen von 10 000 Mrd. t SKE, davon mehr als zwei Drittel Kohle, müßten voraussichtlich mit erheblich größerem als dem derzeitigen Aufwand ausgebeutet werden, was zu deutlichen Energiepreissteigerungen führen dürfte. *Entscheidend für die energiewirtschaftliche Entwicklung wird jedoch sein, daß schon die derzeitigen Emissionen aus der Verbrennung von Kohle, Öl und Gas die Schadstoffaufnahmekapazität der Biosphäre in absehbarer Zukunft unerträglich überfordern werden. Darum besteht weltweit Konsens darüber, daß der Energiebedarf der Menschheit so schnell und so weit wie möglich durch nichtfossile Energien gedeckt werden muß.*

Nachdem seit dem Beginn des 19. Jahrhunderts die wirtschaftliche Entwicklung sich zunehmend auf die Verbrennung der chemischen Energiespeicher von Solarenergie gestützt und dabei in 200 Jahren mehr als ein Drittel der während 200 Millionen Jahren angelegten sicheren Vorräte verbraucht hat, muß an der Schwelle zum 21. Jahrhundert die Rückkehr zu der Energiequelle eingeleitet werden, die das Sonnenfeuer speist: Die Umwandlung von Materie in Energie gemäß Einsteins Formel $E = mc^2$.[6] Diese Rückkehr kann kein Rückschritt in die vorindustrielle Agrargesellschaft sein: Ein Großteil der Weltbevölkerung ginge dabei zugrunde. Sie kann sich nur in voller, sozial- und umweltverträglicher Entfaltung der Anlagen vollziehen, die Naturwissenschaft und Technik für die Energiegewinnung anbieten. Diese Entfaltung kann in zwei Richtungen gehen:

- Erzeugung von Energie aus Materie durch Kernspaltung und Kernfusion.
- Stärkere Nutzung der die Erde treffenden solaren Energieflüsse, die zehntausenmal größer sind als die z.Zt. aus den fossilen Energieträgern bezogenen Flüsse.

[6] E = Energie, m = umgewandelte Masse, c = Lichtgeschwindigkeit. Danach entstehen aus der vollständigen Umwandlung von 7 g Materie 170 Millionen Kilowattstunden Energie. Eine Wärmemenge gleicher Größe kann man durch die Verbrennung von zwanzigtausend Tonnen Steinkohle gewinnen [33].

5.2.1 Kernenergie

Kernspaltung

Die Explosion eines Sterns in einer Supernova erzeugte vermutlich vor knapp 6 Milliarden Jahren Plutonium 239 (Halbwertszeit 24000 Jahre), Uran 238 (Halbwertszeit 4,5 Mrd. Jahre) und Uran 235 (Halbwertszeit 0,7 Mrd. Jahre) in etwa gleich großen Mengen. Die Atomkerne dieser Elemente sind instabil und zerfallen mit einer Wahrscheinlichkeit von 50% innerhalb ihrer natürlichen Halbwertszeiten in leichtere Elemente. Dabei emittieren sie energiereiche Strahlung in Form von Teilchen und elektromagnetischen Wellen. Nach der Entstehung des Sonnensystems und der Erde unter Einbeziehung der Supernova–Trümmer sind heute noch 40% der Menge des ursprünglich gebildeten Urans 238 vorhanden, während das Mengenverhältnis von Uran 235 zu Uran 238 nur noch 7 zu 1000 beträgt; das damals entstandene Plutonium ist völlig zerfallen.

In Kernreaktoren entstehen bei der Spaltung eines Atomkerns von Uran 235 zwei bis drei schnelle Neutronen. Diese werden durch ein Moderatormaterial, z.B. Wasser, so verlangsamt, daß eine Kettenreaktion abläuft, in der im Mittel ein langsames ("thermisches") Neutron von einem anderen Uranatom im Kernbrennstoff des Reaktors wieder eingefangen werden kann. Nach dem Neutroneneinfang zerbricht der Kern sofort in zwei mittelschwere Atomkerne und Neutronen, deren Massensumme kleiner ist als die Masse des Urankerns. Die Massendifferenz wird gemäß $E = mc^2$ in Energie umgewandelt. Diese Energie erhitzt das Kühlmittel, z.B. Wasser, das über einen Wärmetauscher heißen Dampf erzeugt, der die Turbine eines Stromgenerators antreibt. Letztendlich stellen Kernkraftwerke Energie zur Verfügung, die vor 6 Mrd. Jahren in Urankernen durch die Supernova gepeichert wurde.[7]

Im März 1994 waren weltweit 422 Kernkraftwerke mit einer elektrischen Gesamtleistung von 356,2 Gigawatt (GW = 1000 Megawatt) in Betrieb und 61 mit einer Gesamtleistung von 55,9 GW im Bau [32]. Die Tabelle 5.1 gibt den Kernenergieanteil an der Elektrizitätsversorgung einiger Länder an. Derzeit deckt Kernenergie mit jährlich 2200 TWh elektrischer Energie 17% des weltweiten Strombedarfs. Dabei werden ca. 50 000 t Natur-Uran pro Jahr verbraucht. Das sind 5 Promille der sicheren und zu erwartenden Reserven. [33]

"Unterstellt man eine Verdopplung des Kernenergieanteils an der Stromerzeugung in Deutschland auf 60%, wie er in anderen Ländern bzw. in einzelnen Bundesländern, z.B. in Bayern oder in Baden–Württemberg, bereits heute erreicht oder sogar überschritten wird, so ergibt sich bezogen auf das derzeitige

[7] Die von geothermischen Kraftwerken genutzte Wärme in den tieferen Schichten der Erdkruste stammt ebenfalls aus dem Zerfall von Uran (und Thorium).

Tabelle 5.1 *Prozentualer Anteil der Kernenergie an der Elektrizitätserzeugung und installierte Kernkraftwerksleistung 1993/94 [32]*

Frankreich	Belgien	Schweden	Schweiz	Spanien	Ukraine
77.7%	59.0%	41.8%	37.9%	35.3%	32.9%
60.3 GW	5.8 GW	10.4 GW	3.1 GW	7.4 GW	13.8 GW

Japan	Deutschland	Großbritannien	USA	Rußland
30.2%	29.7%	26.7%	19.6%	16.6%
39.6 GW	22.5 GW	14.1 GW	104.8 GW	21.2 GW

Stromverbrauchsniveau ein technisches CO_2–Minderungspotential durch Kernenergie in Deutschland von rund 150 Mio. t CO_2/a."[62]

Eine ausführliche Darstellung der Funktionsprinzipien der verschiedenen Typen von Kernkraftwerken, der Vorräte an Uran sowie der Optionen zur Entsorgung abgebrannter Brennelemente und der mit der Nutzung der Kernspaltungsenergie verbundenen Risiken gibt Heinloth [33].

Die Risiken der Kernenergie haben den ersten direkten Zugriff des Menschen auf kosmische Energien von *der* Zukunftstechnik der 50er und 60er Jahre zu einer höchst umstrittenen Form der Energiegewinnung gewandelt. Die Auseinandersetzungen sind oft gekennzeichnet durch starke Übertreibungen der Gefahren und Nachteile, die mit der Nutzung bzw. Nicht-Nutzung der Kernenergie verbunden sein können. Daß und wie man bei allem Dissens die Probleme auch fair und rational angehen kann, zeigt die vorbildliche Diskussion der "Kriterien für die Bewertung zukünftiger Energiesysteme" durch die Arbeitsgruppe "Strategien" des *Forums für Zukunftsenergien* [61]. Im Streit um die Kernenergie entscheiden über die persönliche Einstellung letztendlich die jeweilige Risikowahrnehmung und -bewertung und die daraus abgeleiteten Anforderungen an die Verringerung des (bei jeder Technik vorhandenen) Restrisikos.[8]

[8] Wie unterschiedlich die Risikobewertung in Abhängigkeit von der wirtschaftlichen Situation ausfallen kann, zeigt sich an der Bevölkerung der Ukraine und Österreichs: Immer noch laufen wassergekühlte, graphitmoderierte RBMK–Reaktoren des Kernkraftwerks Tschernobyl, in dem es 1986 nach einem krassen Bedienungsfehler und einer nur in den RBMK–Reaktoren möglichen Leistungsexkursion der Kernspaltungs–Kettenreaktion zu dem bisher folgenschwersten Unfall in der zivilen Nutzung der Kernenergie kam. Stets aufs neue auftretende Störfälle in Tschernobyl nimmt die Bevölkerung lieber hin als Energiemangel durch Abschalten. Beeindruckend war die Gelassenheit ukrainischer Kollegen, als sie im Oktober 1992 den Teilnehmern einer Energiekonferenz in Kiew den geplanten Tschernobyl–Besuch wegen eines Brandes im Kraftwerk kurzfristig absagen mußten. Ganz anders hingegen die

Diese Anforderungen können, in Gesetzesform gegossen, auch über Wirtschaftlichkeit oder Unwirtschaftlichkeit der Kernenergie entscheiden. In Deutschland gelten nach der Novellierung des Atomgesetzes im Jahre 1994 die höchsten Sicherheitsanforderungen an neue Kernreaktoren. Sie verlangen, daß bei einem noch so unwahrscheinlichen Kernschmelzunfall die Folgen garantiert auf die Anlage beschränkt bleiben müssen. Die Reaktoren, die diese gesetzlichen Bedingungen in Zukunft erfüllen sollen, sind der in deutsch–französischer Zusammenarbeit konzipierte Europäische Druckwasserreaktor [63] und der für vergleichsweise kleinere Leistungen entwickelte Hochtemperaturreaktor. Nicht sicher ist allerdings, ob Energie aus diesen sicherheitstechnisch fortschrittlichsten Reaktoren gegen fossile Energie in einem völlig freien Wettbewerb bestehen kann, solange die Energiepreise auf dem gegenwärtigen niedrigen Niveau verharren.

Kernfusion

Das Sonnenfeuer auf die Erde holen: Dieses Ziel verfolgt die Forschung zur kontrollierten Kernfusion. Nur gewinnt die Sonne leichter Energie aus der Verschmelzung von Wasserstoff zu Helium als der Mensch, weil sie schwerer ist: Die Gravitationskraft ihrer großen Masse von 2×10^{27} Tonnen komprimiert freie Protonen und Elektronen zu einem Plasma, dessen Dichte im Sonnenzentrum bis zum 150fachen der Dichte von Wasser ansteigt. Die Kernfusion läuft im Inneren einer Kugel mit einem Radius von 140 000 km [9] bei Temperaturen zwischen 10 und 15 Millionen Grad und Drücken von ca. 10 Milliarden Atmosphären ab. Die Fusionsleistung beträgt dabei 300 Watt pro m^3 Plasmavolumen.

In projektierten irdischen Anlagen strebt man die Kernfusion auf zwei verschiedenen Wegen an. Weg 1 versucht, in einer "Magnetfeld–Flasche" ein Plasma mit einer Dichte von nur $4 \times 10^{-9} g/cm^3$ unter einem Druck von 6 Atmosphären bei einer Temperatur von 150 bis 200 Millionen Grad Celsius für Zeiten zwischen 1 und 1000 Sekunden einzuschließen. Dadurch soll eine Fusionsleistung von 2 Millionen Watt pro m^3 freigesetzt werden. Anders als in der Sonne besteht der Kernbrennstoff nicht aus dem leichten Wasserstoff (H), sondern aus einem Gemisch der schweren Wasserstoff–Isotope Deuterium (D) und Tritium (T). Die in der Reaktion $D+T \rightarrow {}^4He+n+2,8\times10^{-12} Ws$ erzeugten Neutronen (n) führen nutzbare Wärme ab und produzieren Brennstoffnachschub (s.u.),

Haltung in Österreich. Dort hat man ein hochmodernes, nach westlichen Sicherheitsstandards vor den Toren Wiens errichtetes Kernkraftwerk nie in Betrieb genommen. Statt dessen wurde jahrelang Strom aus der Ukraine bezogen.

[9] Sonnenradius: 700 000 km.

Strahlenschäden und Radioaktivität. Die ^4He–Kerne (α–Teilchen) besorgen die Eigenheizung des Plasmas für die selbständige Verbrennung. Auf Weg 2 "komprimiert (man) Flüssigkeitstropfen eines Deuterium–Tritium– Gemischs mit einem Durchmesser von mehreren Millimetern durch gleichzeitigen, allseitigen Beschuß mit Laserlicht–Strahlen oder Teilchen–Strahlen implosionsartig für die extrem kurze Dauer weniger Nanosekunden auf eine extrem hohe Plasmadichte von etwa 200 g/cm^3. Bei der dabei erreichten Aufheizung des Zentrums des 'Plasma'–Tröpfchens auf etwa 100 Millionen Grad erwartet man – bei einer Frequenz von etwa 20 Tröpfchenimplosionen pro Sekunde – eine thermische Fusionsleistung von ca. 2 Millionen Watt/(m^3 Reaktionsvolumen)."[33] Pro kg Deuterium–Tritium–Gemisch werden bei dessen Fusion zu Helium ca. 100 Millionen kWh Wärmeenergie freigesetzt.

Die Vorräte der irdischen Fusionsbrennstoffe sind praktisch unbegrenzt. Deuterium ist im Wasser zu einem Promille enthalten. Die Weltmeere stellen somit ein Reservoir von 5×10^{13} Tonnen Deuterium dar. Das radioaktive Tritium mit einer Halbwertszeit von etwa 12 Jahren kann mittels Neutronen, die z.B. im Fusionsplasma entstehen, aus Lithium erbrütet werden, das in die Reaktorwände eingebettet wird. Dabei ergeben 2 kg Lithium 1 kg Tritium. In der 2 km tiefen Deckschicht der Erdkruste unter den Landflächen sind etwa 2×10^{13} Tonnen Lithium enthalten. Könnte man den gegenwärtigen weltweiten Bedarf an elektrischer Energie in Höhe von 12500 TWh/Jahr [10] aus Fusionskraftwerken decken, so benötigte man jährlich 500 Tonnen Lithium und 150 Tonnen Deuterium. [33]

Der Entwicklungsstand der "Magnetfeld–Flaschen" vom Typ *Tokamak* und *Stellarator* wird in [33] und [64] beschrieben; [64] behandelt auch das Problem der radioaktiven Rückstände, die in den Reaktorwänden durch den Beschuß mit Neutronen und das implantierte Tritium entstehen. In [65] wird die Fusion per Deuterium–Tritium–Kompression durch Beschuß mit Schwerionenstrahlen diskutiert.

Die hochkomplizierte Fusionstechnik muß noch einen weiten Weg zum Erfolg gehen, der hohe Investitionen öffentlicher Mittel erfordert. Den unbegrenzt verfügbaren Fusionsbrennstoffmengen stehen noch sehr lange Entwicklungszeiten der Fusionsreaktoren gegenüber. Man rechnet nicht vor Mitte des 21. Jahrhunderts mit Energiegewinnung aus terrestrischer Kernfusion. Damit rückt der Fusionsreaktor ins Zentrum des energiewirtschaftlichen Interesses, der seit viereinhalb Milliarden Jahren Energie liefert und sicher noch fünf Milliarden Jahre brennen wird: die Sonne.

---

[10] T(era) = 10^{12}.

5.2.2 Erneuerbare Energien

Die von Solarenergie gespeisten Quellen erneuerbarer Energien sind in der Reihenfolge ihrer historischen Nutzung:

- Biomasse
- Wasserkraft
- Windenergie
- Solare Wärme
- Solarthermische Kraftwerke und Photovoltaik

Zusätzlich kann man mittels Wärmepumpen die Wärme von Luft und Wasser nutzen. Ihr Potential muß im Zusammenhang mit den in Abschnitt 5.1 behandelten Techniken der rationellen Energieverwendung gesehen werden. Auch die nicht der Sonne, sondern radioaktivem Zerfall von Uran und Thorium entstammende Wärme aus dem Erdinnern wird zu den erneuerbaren Energien gezählt. Ihr innerhalb mehrerer Jahrzehnte weltweit realisierbares technisches Potential wird auf 1000 bis 4000 Petajoule geschätzt [33]. Das sind 0,3 bis 1 Prozent der in Abschnitt 4.3 angegebenen 345 Exajoule oder 96 000 TWh [E(xa) = 10^{18}] globalen Primärenergiekonsums des Jahres 1992. In sehr geringem Maß kann man auch der Erdrotation durch Gezeitenkraftwerke Energie entnehmen.

Dem langfristig ausschlaggebenden Vorteil der kostenlos und beliebig lange verfügbaren "Primärenergiequelle Sonne" stehen zwei kurz– und mittelfristig schwerwiegende Nachteile gegenüber: 1. Das Solarenergieangebot fluktuiert mit den Jahreszeiten, der Wetterlage und dem Rhythmus von Tag und Nacht. 2. Seine Nutzung erfordert in der Regel deutlich höhere finanzielle Aufwendungen – besonders für Investitionen in die jeweils erforderlichen Techniken – als die Nutzung der z.Zt. verfügbaren fossilen Energieträger.

Biomasse

Biomasse entsteht im Prozeß der Photosynthese aus Sonnenlicht, Kohlendioxid der Luft und Wasser. Trockene Biomasse mit einem Kohlenstoffgehalt von ca. 50% hat einen Brennwert von 17,6 MJ pro kg.[11] Pro Hektar grüner Landfläche wachsen im Weltmittel jährlich 12 t (trockene) Biomasse heran, so daß weltweit jährlich auf dem Land 120 Mrd. t trockene Biomasse mit einem Brennwert von

[11] Das sind etwa 60% des Brennwerts von Steinkohle.

2000 EJ entstehen. Das ist fast das Sechsfache des derzeitigen Weltbedarfs an Primärenergie. Doch nur allenfalls 80 EJ, also *20–25% des derzeitigen Weltenergiebedarfs*, lassen sich als Bioenergie[12] durch Verbrennung nutzen, weil der Großteil der Biomasse als Nahrung und nicht–energetische Rohstoffe benötigt wird [33].

Bioenergie–Träger sind Holz, Getreide, Ölsaaten, Zuckerrohr und andere ein– und mehrjährige Pflanzen sowie organische Abfallstoffe (z.B. Dung).

Während der längsten Zeit der Geschichte war Holz der dominierende Brennstoff. Seine Verdrängung durch Kohle begann mit der industriellen Revolution: In England und dem westeuropäischen Festland ist die Holzverbrennung seit der Mitte des 19. Jahrhunderts auf ökonomisch unbedeutende Nischen beschränkt. In den USA allerdings erreichte sie erst im Jahre 1880 mit über 3 Exajoule ihren Höhepunkt und fiel dann bis zur Mitte des 20. Jahrhundert auf knapp 5% des gesamten Energieverbrauchs [66, 67]. In den Entwicklungsländern deckt alle Biomasse zusammengenommen heute noch schätzungsweise 35% des Gesamtenergiebedarfs [68].[13]

Man könnte in Deutschland 8% und in Europa 10% des derzeitigen Gesamtbedarfs an Primärenergie wieder durch Biomasse befriedigen. Das setzt allerdings voraus, daß die land– und forstwirtschaftlichen Erträge nicht durch die zu erwartenden Klimaveränderungen beeinträchtigt werden. Dabei muß man mit Gestehungskosten von 100 bis 200 DM pro Tonne trockene Biomasse rechnen [33]. Dem steht in Deutschland ein Einfuhrpreis für die Tonne Steinkohle in Höhe von 70 bis 80 DM gegenüber [32].

Wasserkraft [33, 69]

Etwa ein Viertel der von der Erde absorbierten Sonnenenergie verdunstet Wasser, hauptsächlich aus den warmen Meeren. Der Wasserdampf kondensiert zu Wolken, die sich auch über dem Festland abregnen und über Bäche und Flüsse die Rückhaltebecken von Wasserkraftwerken füllen.

Wasserkraft deckte im Jahr 1995 mit 2560 TWh/Jahr rund 20% des Weltbedarfs an elektrischer Energie in Höhe von 12500 TWh/Jahr aus Anlagen mit einer installierten Leistung von insgesamt etwa 650 Gigawatt [G(iga) = 10^9]. In Deutschland befriedigt sie bei einem Regelarbeitsvermögen von 17 TWh/Jahr 3,2% des Bedarfs von 530 TWh/Jahr aus Anlagen mit einer Gesamtleistung von ca. 9 GW. (Die installierte Leistung von Kraftwerken aller Art beläuft sich

[12] Gewachsen auf 4 Mio. km^2 Landfläche.

[13] Die Primärenergiestatistiken erfassen nur die kommerziell gehandelten Energieträger. Holz aus privater Rodung und Sammeltätigkeit und als Brennstoff genutzte Kuhfladen sind in ihnen nicht enthalten.

weltweit auf rund 2900 GW und in Deutschland auf 122 GW.) Heute decken Norwegen 99,5%, Südamerika 75%, Kanada 65% und China 25% ihres Bedarfs an Strom durch Wasserkraft.

Bis zum Jahr 2050 sollte es technisch möglich sein, weltweit 4000 bis 6000 TWh/Jahr und in Deutschland etwa 25 TWh/Jahr an elektrischer Energie aus Wasserkraft zu gewinnen. Insgesamt wird das technische Potential auf 13000 TWh/Jahr und das wirtschaftliche Potential auf 9000 TWh/Jahr eingeschätzt. Der Ausbau der Wasserkraft ist jedoch häufig mit schweren Eingriffen in die Umwelt verbunden. Diese bestehen u.a. in Veränderungen der Flußbetten und Grundwasserspiegel, erhöhter Verdunstung und Überflutungen von Siedlungen und Biomasse. Aus anaerober Zersetzung von Biomasse in flachen Stauseen entsteht das Treibhausgas Methan[14].

Wie bei allen erneuerbaren Energien sind auch bei der Wasserkraft die spezifischen Investitionskosten erheblich höher als diejenigen für Energiegewinnung aus fossilen Brennstoffen. Sie treiben die Stromerzeugungskosten aus Wasserkraft auf 0,35 DM/kWh aus kleinen und 0,20 DM/kWh aus großen Anlagen. Diese liegen damit deutlich über den Kosten von 0,06 DM/kWh für Strom aus importierter Steinkohle. Auch Kernenergie mit 0,10 DM/kWh ist billiger.

Windenergie

Wind entsteht durch aufsteigende warme Luft und durch Kondensation von Wasserdampf zu Wolken. Seine kinetische Energie, insgesamt wenige Prozent der eingestrahlten Sonnenenergie, wurde schon vor 2000 Jahren in China und Vorderasien und seit 800 Jahren in Europa genutzt [33]. Vor 250 Jahren waren in Europa 200 000 Windmülen zum Getreidemahlen, Entwässern etc. in Betrieb. Aber schon gegen Ende des 18. Jahrhunderts waren sie von der kohlebefeuerten Dampfmaschine fast völlig verdrängt worden. Doch die Umweltprobleme der Kohlenstoffverbrennung haben zu einer Rückkehr der Windräder, nunmehr als hochtechnologische Stromerzeuger, geführt.

Mit wenigen Ausnahmen handelt es sich bei den marktgängigen Windkraftanlagen um Horizontalachsenkonverter. "Bei diesem Typ befinden sich an der horizontal liegenden Rotorachse zumeist bis zu drei Rotorblätter, die den bewegten Luftmassen die Energie entziehen. Am anderen Achsenende ist der Generator montiert, der die Drehbewegungen der Rotorachse in elektrische Energie wandelt. Dazwischen befindet sich meist ein Umsetzungsgetriebe. Durch eine Bremse an der Achse kann der Rotor abgebremst und festgestellt

[14]Dessen Treibhauspotential über einen Zeitraum von 20 Jahren 35 mal stärker wirkt als das des CO_2.

werden. Diese Systemkomponenten sind in einer Gondel untergebracht, die sich drehbar gelagert auf der Spitze eines Turms befindet. Mit Hilfe einer Windrichtungsnachführung kann die Gondel und damit auch der Rotor immer optimal zum Wind ausgerichtet werden. Der Turm ist zur Gewährleistung einer ausreichenden Standfestigkeit im Boden verankert. Die gesamte Anlage wird mit Hilfe eines vollautomatisch arbeitenden Betriebssystems im Normalfall ohne manuelle Eingriffe betrieben. Derzeit marktgängige Anlagen haben eine installierte Leistung im Bereich zwischen wenigen kW und bis zu 750 kW bei einer Nabenhöhe bis zu 60 m. Die Anlagen laufen bei einer Windgeschwindigkeit von 3 bis 4 m/s an und erreichen im Bereich von rund 12 m/s ihre Nennleistung. Bei höheren Windgeschwindigkeiten ist eine Abregelung der aus dem Wind entnommenen Leistung notwendig; es muß sichergestellt werden, daß der Generator dauerhaft mit nicht mehr als seiner Nennleistung betrieben wird. Dies erfolgt entweder über einen gewollten Strömungsabriß an den Rotorblättern ... oder über ein mechanisches Verdrehen der Rotorflügel ... Ab einer Windgeschwindigkeit von rund 25 m/s werden die Konverter abgeschaltet, um einer mechanischen Zerstörung vorzubeugen. Die technische Verfügbarkeit moderner Anlagen liegt bei etwa 98%. Der Wirkungsgrad der Energiewandlung zwischen der in den bewegten Luftmassen enthaltenen Energie und der von der Anlage abgegebenen elektrischen Energie liegt theoretisch maximal bei 59,3% ...; tatsächlich sind gegenwärtig im Nennbetrieb je nach Anlagentechnik rund 35 bis 45% realisierbar." [70]

Die installierte Spitzenleistung von Windkraftanlagen liegt derzeit weltweit bei 5000 MW und in Deutschland bei 1600 MW. Dadurch können weltweit etwa 8 und in Deutschland 2,6 TWh/Jahr erzeugt werden. Die installierten Spitzenleistungen in den USA, Dänemark und Indien betragen 1600, 900 und 800 MW. [33] Die Angaben über das weltweit technisch nutzbare Potential der Windenergie schwanken zwischen 3000 TWh/Jahr [33] und dem mehr als Zehnfachen davon [70]. Für Deutschland wird das technische Potential landgestützter Windkraftanlagen auf rund 120 TWh/Jahr geschätzt [70, 33]. Das sind rund 23% des deutschen Elektrizitätsbedarfs von 530 TWh im Jahr 1995. Dabei sind die windtechnischen Stromerzeugungspotentiale in Norddeutschland am höchsten. Zusätzlich ist eine Windkraftnutzung auch vor der Küste in geringen Wassertiefen außerhalb des naturgeschützten Wattenmeeres möglich. Ginge man in Nord- und Ostsee bis zu mittleren Wassertiefen von 40 m und Entfernungen von der Küste bis zu 30 km, so wäre dort ein technisches Stromerzeugungspotential gegeben, das auf das Eineinhalbfache [33] bis Doppelte [70] des Landpotentials geschätzt wird.

Die Kosten der Stromerzeugung hängen sehr stark von der mittleren Windgeschwindigkeit am Standort und der Spitzenleistung der Anlagen ab. Je größer die beiden, desto niedriger die Kosten. Für die in Deutschland derzeit installierten Windkraftwerke werden Kosten zwischen 0,09 und 0,20 DM/kWh [70] bzw. 0,14 und 0,33 DM/kWh [33] angegeben. Mit ihren Stromgestehungskosten liegt die Windenergie dicht an der Wirtschaftlichkeitsgrenze. Darum konnte nach der Verabschiedung des Stromeinspeisungsgesetzes im Dezember 1990 die Windkraftwerkskapazität in Deutschland von ca. 70 MW im Jahr 1990 auf 1600 MW im Jahr 1996 höchst eindrucksvoll steigen. *Hier zeigt sich der entscheidende Einfluß der wirtschaftlichen Rahmenbedingungen auf die Nutzung der erneuerbaren Energien.*

Eine deutliche Verbesserung haben diese Rahmenbedingungen durch das Stromeinspeisegesetz erfahren. Dies Gesetz regelt die Abnahme und Vergütung von Strom aus erneuerbaren Energien durch die öffentlichen Energieversorgungsunternehmen (EVU). Für Strom aus Windkraft beträgt die Vergütung 90% des Durchschnittserlöses je kWh aus der Stromabgabe der EVU an Endverbraucher [71]. Nach der Novellierung des Energiewirtschaftsgesetzes am 28. November 1997 müssen die zur Abnahme verpflichteten Netzbetreiber ab Jahresbeginn 1998 für Strom aus Wind- und Sonnenenergie 0,1679 DM/kWh zahlen. 1997 waren es 0,1715 DM/kWh. Für Strom aus Biomasse und kleineren Wasserkraftanlagen gibt es 0,1492 DM/kWh; bei größeren Wasserkraftanlagen sinkt die Vergütung auf 0,1212 DM/kWh.

Die für die Produktion von Windkraftanlagen benötigten spezifischen Energie- und Materialmengen und die dabei entstehenden Schadstoffemissionen werden in [70] diskutiert. Danach benötigen Windkraftwerke weniger als zwei Jahre, um die zu ihrer Produktion aufgewendete Energie wieder einzuspielen. Im Normalbetrieb kommt es zu Schallemissionen. Als Umweltbeeinträchtigung wird neuerdings von Kritikern der Windenergie auch die "Verspargelung der Landschaft" empfunden. Nicht auszuschließen ist, daß eine Steigerung des Anteils der Windenenergie an der deutschen Bruttostromerzeugung von derzeit 0,6% unter Ausschöpfung des Landpotentials auf 23% ähnlich starke Widerstände hervorrufen wird, wie sie bereits gegen Kernenergie (30%) und fossile Energie (67%) bestehen.

Solare Wärme

Der Fläche Deutschlands wird so viel Sonnenenergie zugestrahlt, daß auf jeden Quadratmeter im Mittel pro Jahr 1000 kWh entfallen. Diese Energie erwärmt den Boden und die Luft. Zusammen mit dem Energieeintrag aus wärmeren und -abfluß in kältere Weltgegenden durch Luftströmungen legt sie das tages- und jahreszeitlich schwankende Niveau der Außentemperatur fest, das während ca. sieben Monaten im Jahr unter dem Niveau angenehm warmer Räume liegt. Darum werden derzeit in Deutschland jährlich etwa 700 Mrd. kWh, oder 28% der Endenergie, für die Raumheizung aufgewendet. Weitere 150 Mrd. kWh, oder 6% der Endenergie, entfallen auf die Warmwasserbereitung. Mittelt man über alle Bauten, so werden für Raumwärme und Warmwasser pro Jahr 250 kWh/m^2 benötigt [33].

Der Raumwärmebedarf läßt sich stark senken, indem man den Wärmeverlustkoeffizienten (k–Wert in [W/m^{2}K]) des Mauerwerks und der Fenster reduziert. Während Standardfenster einen k–Wert von 2,8 W/m^{2}K haben, liegt dieser Wert in den auf dem Markt angebotenen Wärmeschutzfenstern bei 1,3 bis 1,1 W/m^{2}K. Noch stärker läßt sich der k–Wert des Mauerwerks durch entsprechend dicke und gut isolierende, außen aufgebrachte Dämmaterialien verringern. *Infolgedessen kann der deutsche Bedarf an Raumwärme bei gleichbleibendem Gebäudebestand im Mittel auf etwa die Hälfte des derzeitigen Wertes abgesenkt werden* [33].[15]

Mittels *Kollektoren* kann das Sonnenlicht absorbiert und zur Wärmeerzeugung genutzt werden. Dabei beliefern drei verschiedene Kollektortypen drei verschiedene Bedarfsbereiche. Der erste ist der Niedertemperaturbereich für die Erwärmung von Schwimmbädern im Sommer. Hier werden meistens unabgedeckte Kunststoffabsorber eingesetzt. Der zweite und größte Bereich ist der häusliche Warmwasserbedarf, der durch Flachkollektoren mit selektivem Absorber und Abdeckung in Verbindung mit beispielsweise Gasbrennwertkesseln (und Speichern) befriedigt werden kann. Die Bereitstellung von Niedertemperaturprozeßwärme für z.B. Dampferzeugung zur Sterilisation in der Industrie stellt den dritten Anwendungsbereich dar. Hier setzt man vor allem höhereffiziente Vakuumkollektorsysteme ein. Zwischen den Jahren 1975 und 1995 ist die Gesamtfläche der Solarkollektoren in Deutschland von praktisch Null auf knapp 300 000 m^2 angestiegen. Davon entfielen zuletzt ca. 17% auf Vakuumkollektoren, 25% auf Schwimmbadabsorber und 58% auf Flachkollektoren [74].

Durch die zeitliche Verschiebung zwischen solarem Angebot und dem Bedarf an thermischer Energie ist die Verfügbarkeit kostengünstiger, effektiver Speicher sehr wichtig. Je nach benötigter Speicherzeit lassen sich drei verschiedene Speichertypen unterscheiden, die in der Regel Wasser als Medium enthalten, das über Wärmetauscher die gespeicherte Wärme an den Bedarf liefert: 1. Tag–Nacht–Speicher, hauptsächlich zur Warmwasserversorgung, mit Größen von einigen 100 Litern. 2. Wochenspeicher, die häufig auch Wärme für das

[15]Für die wärmetechnische Altbausanierung benötigt man jedoch mehrere Jahrzehnte.

Heizsystem liefern, mit Größen von einigen 1000 Litern. 3. Saisonale Speicher, die Wärme vom Sommer in den Winter übertragen und viele 1000 Kubikmeter Wasser enthalten. Entwicklungsarbeiten konzentrieren sich auf die Wärmetauscher, die Temperaturschichtung innerhalb der Speicher und die thermische Isolation gegenüber der Außenwelt. Sehr wichtig ist die richtige Ankopplung an das zusätzliche Heizsystem, und auch die Kombination mit Wärmepumpen ist interessant. Wegen der geringen Energiedichte in Wasserspeichern und deren begrenzter Einsatztemperatur wird intensiv an der Entwicklung von chemischen Speichern und Speichern latenter Wärme bei Phasenübergängen gearbeitet. [74]

Zur Deckung des derzeitigen deutschen Bedarfs an Wärme für Raumheizung und Warmwasserbereitung würde man eine Kollektorfläche von insgesamt 2000 km^2 und saisonale Wärmespeicher mit einem Wasser-Äquivalent-Volumen von insgesamt rund 14 Mrd. m^3 benötigen. Bei stark verbesserter Wärmedämmung, s.o., ließen sich diese Werte auf 1200 km^2 Kollektorfläche und 8 Mrd. m^3 reduzieren. Derartig kann im Prinzip der gesamte Bedarf zu 80–100% durch solare Wärme gedeckt werden [33].

Als realistische Ziele für die Deckung des europäischen Endenergiebedarfs durch energieeffiziente Solarhäuser werden 17% und durch solare Warmwasserbereitung 5% angegeben [74].

Derzeit liegt der deutsche Preis [74] solarer Wärme in

- Freibädern mit einem solaren Deckungsgrad von 100% zwischen 0,05 und 0,10 DM/kWh,
- Einfamilienhäusern mit einem solaren Deckungsgrad der Warmwasserbereitung von 60% zwischen 0,25 und 0,50 DM/kWh; Warmwasserbereitung und Heizung von 40% zwischen 0,35 und 0,60 DM/kWh,
- Mehrfamilienhäusern mit einem solaren Deckungsgrad der Warmwasserbereitung von 50% zwischen 0,15 und 0,25 DM/kWh,
- der Nahwärmeversorgung mit solarem Deckungsgrad von 25% zwischen 0,20 und 0,30 DM/kWh.

Nur in Freibädern kann z.Zt. die solare Wärme mit Wärme aus fossilen Energien preislich konkurrieren.

Solarthermische Kraftwerke und Photovoltaik

Die Umwandlung des Sonnenlichts in elektrischen Strom kann auf zwei Wegen erfolgen: 1. über die Erhitzung von Gasen oder Dampf, die Gas– und Dampfturbinengeneratoren solarthermischer Kraftwerke treiben; 2. über den lichtelektrischen Effekt in Solarzellen von Photovoltaikanlagen. Der Strom kann anschließend direkt ins Netz eingespeist werden. Alternativ kann man ihn auch zur elektrolytischen Erzeugung von Wasserstoff aus Wasser verwenden. In gasförmiger oder flüssiger Form ist dieser Wasserstoff, so wie Erdgas und Erdöl, ein Speicher von Solarenergie. Doch seine Verbrennung ist viel umweltschonender als die von Öl und Gas. Sie setzt im wesentlichen nur Energie und Wasser frei. Besonders im Verkehrssektor könnte solarer Wasserstoff sehr zur Reduzierung der Umweltbelastungen beitragen [72].

In **solarthermischen** Kraftwerken mit lichtfokussierenden Spiegeln wird in einem Absorber die Sonnenenergie in Wärme umgewandelt. Im Idealfall optimaler Lichtkonzentration kann diese Wärme die Temperatur der Sonnenoberfläche, also 6043 Grad Celsius, haben. In den wenigen existierenden Anlagen werden hingegen nur Temperaturen zwischen 300 und 1000 Grad Celsius in den dampf– oder gasförmigen Medien erzielt, die die Generatoren treiben. Die Flächen an Spiegelkollektoren, die etwa 70% der Investitionskosten ausmachen, müssen für eine Stromerzeugung rund um die Uhr – unter Einbeziehung von Hochtemperaturwärmespeichern – umso größer sein, je stärker die Sonnenscheindauer täglich und jahreszeitlich schwankt. Darum kommen als Standorte für solarthermische Kraftwerke nur Regionen bis maximal 40 Grad nördlich und südlich des Äquators in Frage. Der Umwandlungswirkungsgrad von Licht zu elektrischer Energie liegt für solarthermische Kraftwerke im Bereich zwischen 20 und 35 Prozent. Entsprechend hat man einen Bedarf an Kollektor–Spiegelflächen von etwa 3 bis 5 m^2 pro kW elektrischer Leistung während der Zeit intensivster Lichteinstrahlung von ca. 1 kW pro m^2. Will man für bis zu 10 Stunden am Tag eine Maximalleistung von 200 MW_{el} erzielen, benötigt man eine Kollektor–Spiegelfläche von 0,6 bis 1 km^2. Bei zusätzlicher Wärmespeicherung für Tag– und Nachtbetrieb wächst dieser Bedarf je nach Standort um das Zwei– bis Fünffache [33].

Bisher wurden drei Typen solarthermischer Kraftwerke mit lichtfokussierenden Spiegeln gebaut. Sie werden in [33] ausführlicher beschrieben.
1. *Solar–Farm–Kraftwerke mit trogförmigen Paraboloid–Spiegeln für zweidimensionale Lichtfokussierung.* Ihr Wirkungsgrad liegt bestenfalls bei 20%. Die drei in Kalifornien existierenden kommerziellen Kraftwerke haben eine installierte Spitzenleistung von insgesamt 350 MW. Die Stromgestehungskosten in diesem Kraftwerkstyp betragen derzeit 0,35 DM/kWh. Sie könnten in Zukunft

bei Serienfertigung auf 0,20 DM/kWh sinken.
2. *Solar–Turm–Kraftwerke mit Heliostaten–Spiegelfeld für dreidimensionale Lichtfokussierung.* Ihr Wirkungsgrad kann bis auf 40% gesteigert werden. Weltweit existieren nur einige Test– und Pilotanlagen im Leistungsbereich zwischen 1 und 10 MW. Ihre Stromgestehungskosten liegen derzeit bei 0,50 DM/kWh und könnten bei Serienfertigung und Dauerbetrieb auf 0,14 DM/kWh sinken.
3. *Paraboloid–Schüssel–Einzelanlagen mit Stirlingmotor–Stromgenerator für dezentrale (und mobile) Stromerzeugung.* Die elektrische Leistung dieser kleinen, in Erprobung befindlichen Anlagen liegt typischerweise bei 10 kW, und der Wirkungsgrad beträgt knapp 20 Prozent. Die Stromgestehungskosten von 1 DM/kWh sollten bei Serienfertigung auf etwa 0,26 DM/kWh gesenkt werden können.

Aufwind–Kraftwerke arbeiten nach einem anderen Prinzip solarthermischer Stromerzeugung: Unter einem lichtdurchlässigen Dach erwärmte Luft strömt durch einen hohen Kamin nach oben und treibt dabei die Turbine eines Stromgenerators. Als Blickfang für die Weltausstellung Expo 2000 ist ein Aufwind–Kraftwerk im Gespräch, dessen kreisförmiges Glasdach einen Durchmesser von 100 m haben soll. Bei dem Glaskamin denkt man an Höhen zwischen 100 und 200 m. Auch wenn ihr Wirkungsgrad nur bei einem Prozent liegt, können wegen ihrer niedrigen Investitionskosten Aufwind–Kraftwerke bei Stromgestehungskosten von vielleicht 0,15 DM/kWh sehr vorteilhaft sein [33].

"Im Sonnengürtel der Erde, in Regionen innerhalb weniger tausend Kilometer Entfernung von den für die Aufstellung von solarthermischen Kraftwerken geeigneten Wüstengebieten, könnten derzeit größenordnungsmäßig 800 Mio. Menschen ... mit größenordnungsmäßig 200 GW mittlerer elektrischer Leistung (entsprechend etwa 7 Prozent des weltweiten Strombedarfs) direkt über Fernleitungen mit Strom versorgt werden ... Direkte Stromleitung ist wegen der unvermeidlichen Verluste (im Bestfall etwa 15 % über 3000 km) auf wenige 1000 km beschränkt. ... Mit dem Aufbau solarthermischer Kraftwerke zur Stromerzeugung in spürbar großem Umfang kann wegen der noch nötigen Entwicklung dieser Techniken frühestens in einigen Jahrzehnten begonnen werden, dabei vorausgesetzt, daß die ... benötigten Mittel[16] verfügbar gemacht werden und daß weder politische noch infrastrukturelle Schwierigkeiten in den betroffenen Ländern ... die Entwicklung dieser Technik verzögern oder gar verhindern werden." [33]

[16]Die Entwicklungskosten werden auf mehrere Mrd. DM geschätzt.

Photovoltaik–Kraftwerke[17] werden aus Photovoltaik (PV)–Moduln aufgebaut. Ein PV–Modul hat eine Fläche von etwa 1 m^2 und wird von Solarzellen gebildet. Eine Solarzelle besteht z.B. aus einer dünnen, 0,3 bis 0,4 mm dicken Silizium–Scheibe, die Fremdatome enthält, die positive Ladungsträger (Löcher) freisetzen (p-Gebiet). Läßt man von der Oberseite her in diese Schicht bis in eine Tiefe von 0,3 μm Phosphoratome eindiffundieren, so geben diese dort negative Elektronen als freie Ladungsträger ab (n–Gebiet). Lichtquanten, die von der Solarzelle absorbiert werden, erzeugen im p–Gebiet energiereiche Elektronen und im n–Gebiet energiereiche Löcher. Diese bewegen sich per Diffusion in die Grenzschicht zwischen den beiden Gebieten und werden von dem dort herrschenden inneren elektrischen Feld in das jeweils andere Gebiet gezogen. Dadurch entsteht eine Spannung zwischen den beiden Gebieten, die über äußere Kontakte abgegriffen wird und wie Spannung aus jeder anderen Quelle einen Strom treiben kann, der Arbeit verrichtet [74].

Solarzellen werden aus einkristallinem, multikristallinem oder amorphem Silizum oder auch aus Galliumarsenid und Cadmiumsulfid gefertigt. Bei Laborfertigung haben sie (in der angegebenen Reihenfolge) Wirkungsgrade von 24%, 19%, 11–13%, 18–28% und 14–17% [74]. Die Wirkungsgrade von Solarzellen aus kommerzieller Produktion liegen deutlich darunter und können auf typischerweise 13% angesetzt werden [74]. Ein kommerzielles Modul liefert daher je nach Größe und Bauart etwa 50 bis 200 W im vollen Sonnenlicht unter Standardbedingungen (Solareinstrahlung etwa 1 kW/m^2). PV–Module können zu beliebig großen Flächen, Feldern und Anlagen zusammengesetzt werden. Diese Modularität ist ein entscheidendes Merkmal und ein großer Vorteil für die Entwicklung der Photovoltaik.

Die derzeitige PV–Modulproduktion basiert fast ausschließlich auf Silizium (Si). Es werden ca. 40% der Module aus einkristallinem, 40% aus multikristallinem und 20% aus amorphem Silizium hergestellt.

Weltweit ist in den vergangenen 10 Jahren die Produktion von PV–Moduln jährlich um 15% gewachsen. Die 1993 global installierte Spitzenleistung von 56 MW_p (MW–Spitzenleistung) ist aber noch so klein, daß die Photovoltaik noch keinen nennenswerten Beitrag zur Energieerzeugung leisten kann. Die Domäne des Solarstroms aus Photovoltaik ist derzeit auch nicht die zentrale Versorgung über ein Stromnetz, sondern die dezentrale Versorgung von Verbrauchern, deren Bedarf nicht wirtschaftlich über ein Netz befriedigt werden kann (Inselsysteme). 1993 beherrschten die Inselsysteme zu 88% den Photovoltaikmarkt. Auf netzgekoppelte Anlagen entfielen lediglich 4%. Nach Schätzungen der In-

[17] Einen Überblick über die Geschichte und die Technik der Photovoltaik gibt V.U. Hoffmann [73].

ternationalen Energieagentur sollten im Jahr 2000 weltweit 200 MW_p installiert sein, davon 70% in Inselsystemen und 25% in netzgekoppelten Anlagen [74].

In Deutschland sind etwa 800 km^2 Dachfläche für Solarenergienutzung verfügbar. Würde man davon 100 km^2 mit PV–Moduln bedecken und so eine Spitzenleistung von zehntausend MW_p installieren, könnte man damit pro Jahr etwa 10 TWh elektrische Energie produzieren und knapp 2% des gesamten derzeitigen deutschen Strombedarfs decken [33].

Für das 1 MW–Solarkraftwerk bei Toledo betrugen die Systemkosten etwa 17000 DM pro kW_p installierte Spitzenleistung. Netzgekoppelte Kleinanlagen, wie sie in Deutschland im 1000–Dächer–Programm errichtet wurden, erforderten 18000 bis 30000 DM pro kW_p. Dem stehen Investitionskosten für Kohlekraftwerke in Höhe von 2000 DM pro kW Dauerleistung gegenüber. Dementsprechend liegen die Netzeinspeisungspreise von Solarstrom mit 0,8 DM/kWh in Toledo und 1,80 DM/kWh im deutschen 1000–Dächer–Programm [74] um den Faktor 13 bis 30 über den deutschen Preisen von 0,06 DM/kWh für Strom aus Importkohle.

Extrapoliert man die gegenwärtigen Entwicklungstrends der Photovoltaik in die Zukunft mit jährlichen Wachstumsraten von 15% und jährlicher Senkung der Produktionskosten um gut 4%, dann wären erst in 32 Jahren die kW_p–Kosten auf ein Viertel gesunken [74]. Ohne eine Änderung der wirtschaftlichen Rahmenbedingungen wird Photovoltaik noch lange nicht mit den gegenwärtigen Preisen für Energie aus fossilen Energieträgern konkurrieren können. In abgeschwächtem Maße gilt diese Aussage für praktisch alle Formen nennenswerter Energiegewinnung aus erneuerbaren Energien (und spürbarer Energieeinsparung durch rationelle Energieverwendung).[18] Darum fordert angesichts der Risiken des anthropogenen Treibhauseffekts das *Energiememorandum 1995* der Deutschen Physikalischen Gesellschaft zu Recht [9]:

"Die Preise für die Nutzung von Energie müssen im Endeffekt schrittweise und langfristig kalkulierbar erhöht werden, bis die Techniken der rationellen Energieverwendung und die Nutzung der nichtfossilen Energieträger sich am Markt gegen die Kohlenstoffverbrennung behaupten können."

[18] Wärme– und Stromgestehungspreise setzen sich zusammen aus: a) den (spezifischen) betriebswirtschaftlichen Gesamtkosten für die Wärme und Strom liefernden Techniken und b) den Kosten für die in diese Techniken eingespeiste Primärenergie. Die Kostenart a) ist für Techniken der rationellen Energieverwendung (REV) und der Nutzung erneuerbarer Energien (NEE) in der Regel sehr viel größer als für konventionelle Verbrennungstechniken. Erst wenn die fossilen Energien so teuer sind, daß die Summe der Kosten aus a) und b) bei konventioneller Verbrennung nicht mehr geringer ist als die entsprechende Summe beim Einsatz der Techniken von REV und NEE, können letztere auf einem freien Markt mit kostenminimierenden Akteuren Fuß fassen.

5.3 Steuern

Fassen wir zusammen:

- Die Natur spendet Energie – den fundamentalen Produktionsfaktor, der im Laufe der Evolution die zu Werkzeuggebrauch und Feuerbeherrschung befähigten Menschen, ökonomisch gesprochen: den Faktor Arbeit, hervorgebracht hat. Im Zuge der Industrialisierung haben Arbeit und Erfindergeist ihrerseits Energie zum Aufbau des Kapitalstocks, d.h. der Energieumwandlungsanlagen und der zu ihrem Schutz und Betrieb benötigten Installationen, eingesetzt. So sind Kapital und Arbeit zu Partnern der Energie bei der Umgestaltung der Erde geworden. Diese vollzieht sich im ökonomischen Prozeß der Wertschöpfung durch Arbeitsleistung und Informationsverarbeitung. Menschliche Kreativität hat dem Energieeinsatz im Laufe der Technikgeschichte immer breiteren Raum gegeben und immer neuere Anwendungsfelder eröffnet. Sie erschließt auch die Potentiale effizienter Energienutzung und neue, emissionsarme Energiequellen. Damit können die mit Energieumwandlung verbundenen Umweltbelastungen in erträglichen Grenzen gehalten werden, sobald die Kosten der Investitionen in emissionsmindernde Technologien von Kosteneinsparungen durch vermiedene Verbrennung fossiler Energieträger kompensiert werden.

- Für jeden Einwohner der Industrieländer arbeiten im Mittel mehr als 10 Energiesklaven. Der Wohlstand, den sie schaffen, ist zwar ungleichmäßig verteilt, sicherte aber bisher den sozialen Frieden in freien Gesellschaften. Diese Sicherung kann zusammenbrechen, wenn die produktionsmächtige Energie mit ihren billigen Dienstleistungen die teuere menschliche Arbeit aus dem Prozeß der Wertschöpfung und Wohlstandsverteilung verdrängt.[19]

Ist damit für die Industriegesellschaften die Zeit gekommen, die Dienstleistungen ihrer Energiesklaven so hoch zu bezahlen, wie es deren Anteil an der Wertschöpfung entspricht? Sollte also, ökonomisch gesprochen, die moderne Energie–Sklavenwirtschaft abgeschafft werden, und zwar durch höhe-

[19] Bemerkenswert ist, daß der niedrige Energiekostenanteil von ca. 5% an den Gesamtkosten der Wertschöpfung selbst Fachleuten der Energietechnik unbekannt zu sein scheint. So schreibt z.B. der Leiter eines großen Energieforschungsinstituts: "Wir wissen, daß wir von Energiedienstleistungen leben, und daß kein großer Abstand zwischen den Energiekosten der Bruttowertschöpfung und der Wertschöpfung selbst vorhanden ist: von dieser Lücke aber leben wir ...."

re Nutzungs–Kosten in dem Sinne, daß nach der Freilassung eines Sklaven die Bezahlung seiner Arbeit auf die eines Freien steigt und in der Regel seiner Grenzproduktivität entspricht? Können wir erwarten, daß dadurch größere Freiräume zur Entfaltung sozialer und technischer Innovationen entstehen, die Marktkräfte an der Lösung der Umweltprobleme beteiligt werden und zugleich die Wohlstandsverteilung auf eine neue Grundlage gestellt wird, die Bewährtes erhält und Kreativität fördert? Für ein "Ja " sprechen die folgenden Überlegungen.

1. Soziale Kosten und Emissionen

Unterbewertung eines Produktionsfaktors führt in der Regel zu seiner Verschwendung und hohen sozialen Kosten[20]. Das gilt nicht nur für die menschliche Sklavenarbeit im Altertum sowie auf den Plantagen Lateinamerikas und der US–Südstaaten zwischen dem 16. und 19. Jahrhundert, sondern auch für die Energiedienstleistungen seit der Mitte des 20. Jahrhunderts:

- Im alten Griechenland war gemäß Homers *Ilias* ein Sklave so viel wert wie vier Ochsen. Bei diesem hohen Preis behandelte man seine Sklaven pfleglich. Sklavenvernichtung durch harte Arbeit bei schlechter Ernährung oder Zirkusspiele konnte man sich dann leisten, wenn Kriegszüge zu einem Überangebot von Kriegsgefangenen auf dem Sklavenmarkt führten. So stieg in der römischen Republik infolge der Eroberungskriege im 2. und 1. Jahrh. v. Chr. die Sklavenzahl gewaltig an, während der Kaufpreis sank. Schlechte Behandlung (und mangelnde Aufsicht) wurden dann gegen Ende der Republik zu den Ursachen für die großen Sklavenkriege (136–132 und 104–101 v. Chr. auf Sizilien sowie der Aufstand des Spartakus 73–71 v. Chr.). Die Masse der freien kleinen und mittleren Bauern, deren Produktions- und Wehrkraft die römische Republik groß gemacht hatte, konnte gegen die mit Sklaven konkurrenzlos billig produzierenden neuen agrarischen Großbetriebe wirtschaftlich nicht mehr bestehen. Die Globalisierung des Handels im Imperium Romanum und die resultierenden billigen Getreideimporte taten das übrige, um das kleine und mittlere Bauerntum aus den Angeln zu heben. So ging die römische Republik an den Folgen ihres Sieges zugrunde. Die Weltherrschaft, aufgrund republikanischer Tugenden errungen, machte ihrer Voraussetzung, nämlich der römischen Republik mit ihren moralischen Kräften, den Garaus [75, 76].

[20] Die sozialen (oder externen) Kosten eines Faktors sind diejenigen mit seiner Nutzung verbundenen Kosten, die nicht durch seinen Preis gedeckt sind, sondern Dritten, der Gesellschaft oder zukünftigen Generationen aufgebürdet werden.

- Die Zahl der zwischen 1520 und 1850 nach Amerika gebrachten Afrikaner wird auf 8 bis 10 Mio. geschätzt. Das ist ein Vielfaches der europäischen Einwanderer. (Kurz vor Ausbruch des amerikanischen Unabhängigkeitskrieges waren 192 britische Schiffe am Sklavenhandel beteiligt, die jährlich etwa 47 000 Menschen befördern konnten.)[21] Selbst wer zynisch und ohne ethische Bedenken die Sklaverei rein ökonomisch betrachtet, kann nicht umhin, von einem verschwenderischen Umgang mit den Negersklaven zu sprechen. Davon zeugen schließlich die heutigen Bevölkerungsverhältnisse. Und die sozialen Kosten dieses Umgangs wurden mit dem amerikanischen Sezessionskrieg 1861–1865 noch lange nicht abgetragen. Vielmehr wird im 21. Jahrhundert die ganze Welt durch massive Hilfe an den ärmsten Kontinent für den gewaltigen Aderlaß und die dauerhafte Schwächung bezahlen müssen, die Afrika durch den Raub und die Versklavung eines Großteils seiner besten und kräftigsten Menschen erlitten hat.

- "Der Preisverfall für fossile Energieträger, der in den fünfziger Jahren (des 20. Jahrhunderts)[22] einsetzte und mit Unterbrechungen bis heute anhält, hat die Ausgestaltung von Wirtschaft und Gesellschaft entscheidend mitgeprägt. Insbesondere ist er verantwortlich für den verschwenderischen Umgang mit fossilen Energieressourcen und damit für einige der bedrohlichsten Umweltprobleme, mit denen wir heutigen und die Generationen nach uns konfrontiert sind: verstärkter Treibhauseffekt, ... Luftverschmutzung." [77]

Emissionen von Schadstoffen aus Energieumwandlungsanlagen sind, bildlich gesprochen, die Ausscheidungen der Energiesklaven. Werden sie im Sinne des Abschnitts 3.3 entsorgt, so sind die damit verbundenen Kosten im Energiepreis enthalten.[23] Werden sie andererseits nicht-entsorgt in der Biosphäre deponiert, entstehen soziale Kosten. Könnte man diese für jeden Energieträger und –umwandlungsprozeß monetär beziffern und den jeweiligen Energiepreisen, z.B. durch Steuern und Abgaben, zuschlagen, würden die derartig erhöhten Energiepreise die ganze Kostenwahrheit widerspiegeln und die Marktmechanismen *alle* knappen Ressourcen optimal verteilen. Doch dieses

[21] Die Angaben zum Sklavenhandel sind dem Großen Brockhaus, Band 10, 1980, entnommen.

[22] Nach der Entdeckung und Erschließung der Erdölfelder des Mittleren Ostens.

[23] Dazu zeigen Rechnungen mit dem Simulationsmodell PANTA RHEI, daß sich in Westdeutschland bis zum Jahr 2005 die Emissionen durch den Einsatz von Preisinstrumenten ohne gesamtwirtschaftliche Verluste deutlich verringern lassen [78].

Tabelle 5.2 *Externe Kosten der Elektrizitätserzeugung aus verschiedenen Energieträgern [79]*

Energieträger	Externe Kosten
Schätzung Hohmeyer, 1994 (D):	
Fossile Energien	41.40 – 60.85 Pf/kWh
Kernenergie	4.32 – 26.06 Pf/kWh
Windenergie	0.01 – 0.01 Pf/kWh
Photovoltaik	0.44 – 0.44 Pf/kWh
Schätzung Ottinger, 1991 (USA)	
Kohle	2.8 – 6.8 cents/kWh
Öl	3.0 – 7.0 cents/kWh
Gas	0.78 – 1.1 cents/kWh
Kernenergie	2.91 – 2.91 cents/kWh
Windenergie	0.00 – 0.1 cents/kWh
Photovoltaik	0.00 – 0.09 cents/kWh
Schätzung Friedrich/Voss, 1993 (D)	
Kohle	0.44 – 1.68 Pf/kWh
Kernenergie	0.03 – 0.17 Pf/kWh
Windenergie	0.02 – 0.06 Pf/kWh
Photovoltaik	0.06 – 0.09 Pf/kWh
Schätzung Pearce et al., 1992 (GB)	
Derzeitige Kohlekraftwerke	5.00 pence/kWh
Neue Kohlekraftwerke	1.8 pence/kWh
Öl	5.56 pence/kWh
Gas	0.38 pence/kWh
Kernenergie	0.05 – 0.30 pence/kWh
Windenergie	0.04 pence/kWh
Photovoltaik	0.07 pence/kWh
Wasserkraftwerke	0.04 pence/kWh
Kraft–Wärme–Kopplung	0.44 – 0.47 pence/kWh

theoretisch überzeugende Konzept konnte noch nicht in die Praxis umgesetzt werden, weil über die Höhe der sozialen Kosten der Energienutzung die Meinungen weit auseinander gehen. Für den Fall der Elektrizitätserzeugung zeigt die Tabelle 5.2 die Bandbreiten und Unterschiede in den Schätzungen. Ursache für die großen Unterschiede sind die unterschiedlichen Annahmen der Autoren über die Schäden, die durch Energieumwandlung verursacht werden. Besonders kontrovers werden die Folgen des anthropogenen Treibhauseffekts und die

Wahrscheinlichkeiten eines in seinen Folgen nicht auf das Reaktorgebäude beschränkten Kernschmelzunfalls beurteilt. Während eine Reihe von Studien zu dem Schluß kommt, daß die sozialen Kosten der anthropogenen Klimaänderungen in Europa und den USA bei einigen Prozent des Bruttoinlandprodukts liegen[24], nimmt Hohmeyer auch Hungersnöte in Entwicklungsländern an mit Millionen von Toten als Folge der Klimaveränderungen. Darum sind seine Zahlen um bis zu einen Faktor 100 größer als die von Friedrich und Voss [79]. Wegen der Schwierigkeiten, ein allseits akzeptiertes Verfahren zur Schätzung der monetären sozialen Kosten zu finden, gibt es auch Vorschläge, von der Monetarisierung ganz abzusehen und statt dessen auf thermodynamische Verfahren zur Emissionsbewertung auszuweichen [85]. Ein Beispiel dafür sind die Schadstoff–Wärmeäquivalente aus Abschnitt 3.3. Doch ohne Monetarisierung keine Internalisierung der externen Kosten. In diesem Dilemma kommen Prinzipien der Steuergerechtigkeit und des wirtschaftlichen Gleichgewichts dem Streben nach ökonomisch effizientem Umweltschutz zu Hilfe.

2. Besteuerung nach Leistungsfähigkeit und Marktgleichgewicht

In ihrem Monatsbericht vom August 1997 forderte die Deutsche Bundesbank: "Im Mittelpunkt einer Steuerreform müßte die grundlegende Reform der Einkommensbesteuerung stehen ... Einen wichtigen Baustein einer solchen großen Reform stellt eine gewisse *Verlagerung der Abgabenlast von den Einkommen zum Verbrauch* dar."
In diesem Zusammenhang erinnert das Bundesministerium der Finanzen an die "bewährten Grundprinzipien des Einkommensteuerrechts, insbesondere ... (das) *Prinzip der Besteuerung nach der wirtschaftlichen Leistungsfähigkeit als ... Fundamentalprinzip einer gerechten Besteuerung."* (*perSALDO*, Ausgabe 4/1997, S. 6)

Der Vorstandsvorsitzende der deutschen Shell AG, Rainer Laufs, sagte: *"Fünf Mark für den Liter Benzin kann okay oder unmöglich sein, das hängt von den Rahmenbedingungen ab."* (DPA Meldung vom 31.12.97)

Die Verfassung der Bundesrepublik Deutschland gebietet Besteuerung gemäß wirtschaftlicher Leistungsfähigkeit. Angesichts der in Abschnitt 3.1 dargelegten Verzerrung der fundamentalen volkswirtschaftlichen Preis- und Leistungsrelationen – Arbeit: geringe Produktionsmächtigkeit bei hohem Produktionsko-

[24]Das stimmt überein mit der *untersten* Grenze der Opportunitätskosten der Kohlenstoffverbrennung. Diese wurden unter optimistischsten Annahmen berechnet als der mit 4% abdiskontierte entgangene Nutzen zweier Generationen nach 2030, wenn ab dem Jahr 2030 nur noch der Wasserstoff in den fossilen Energieträgern verbrannt werden darf, weil das CO_2–Emissionsbudget aufgebraucht ist und nicht–fossile Energiequellen erst ab 2080 voll zur Verfügung stehen [84].

stenanteil, Energie: große Produktionsmächtigkeit bei geringem Kostenanteil – liegt die Frage nahe, ob das Prinzip der Besteuerung nach Leistungsfähigkeit von den Personen auf die Produktionsfaktoren übertragen werden sollte. Neben den offenkundigen ökologischen und sozialen Gründen sprechen dafür auch wirtschaftstheoretische Prinzipien.

Die modernen Allgemeinen Gleichgewichtsmodelle zur Beschreibung des preisgesteuerten Zusammenwirkens der Produktionsfaktoren [87, 88] in einer Volkswirtschaft gehen davon aus, daß die sog. Grenzproduktivitäten der Produktionsfaktoren gleich deren Marktpreisen sind. Je größer die in Abschnitt 3.1 für Deutschland, Japan und die USA berechneten Produktionselastizitäten α, β und γ von Kapital k, Arbeit l und Energie e sind, desto größer sind auch die entsprechenden Grenzproduktivitäten $\alpha q/k, \beta q/l$ und $\gamma q/e$. Vergleicht man die berechneten Zahlenwerte dieser Größen mit den entsprechenden Faktorpreisen, so sieht man, daß die fundamentale Gleichgewichtsbedingung nur für Kapital (in etwa) erfüllt ist. Für die beiden anderen Faktoren gilt, daß im deutschen Warenproduzierenden Gewerbe die Grenzproduktivität der Energie im Mittel das Zehnfache des Energiepreises ist, während die Grenzproduktivität der Arbeit lediglich etwa ein Sechstel des Arbeitspreises beträgt. Es liegt alles andere als die postulierte und von rational handelnden ökonomischen Akteuren angetrebte Situation wirtschaftlichen Gleichgewichts vor. Die Lage gerät nur deshalb nicht innerhalb kurzer Zeitspannen völlig außer Kontrolle, weil technisch–ökonomische Beschränkungen das Abrutschen in den Zustand der Vollautomation mit minimalem Arbeitseinsatz über eine Reihe von Jahren hinauszögern.

Würden hingegen durch Steuern auf die praktisch freie Naturgabe Energie und durch Verwendung dieser Steuern zur Absenkung der Lohnnebenkosten und steuerlichen Entlastung bzw. Subventionierung der Arbeitnehmereinkommen die Preise von Energie und Arbeit den Niveaus ihrer jeweiligen Grenzproduktivitäten angeglichen werden, so daß die Anteile der Faktorkosten an den Gesamtkosten den Faktorbeiträgen zur Wertschöpfung entsprechen, dann, und nur dann, ist der Markt im Gleichgewicht, wie es der wirtschaftstheoretischen Vorstellung entspricht. Dann erst haben die Marktteilnehmer, d.h. die Eigner von Kapital und Arbeit sowie der Staat, es (wieder) in der Hand, selbst zu bestimmen, auf welchem technisch–ökonomischem Entwicklungspfad sie einen neuen, technisch fortgeschritteneren Gleichgewichtszustand anstreben. Dagegen wird in dem zur Zeit herrschenden Ungleichgewicht der Entwicklungspfad maßgeblich durch die Gefällelinien im Kostengebirge über der l/k–e/k Ebene bestimmt. Diese verlaufen in Richtung Substitution teuerer Arbeit–Kapital–Kombinationen durch billige Energie–Kapital–Kombinationen [86]. Das Abrutschen der unter Kostenminimierungsdruck stehenden Wirtschaft in das derzeitige Kostenminimum geringsten Arbeits- und höchsten Energieeinsatzes wird zwar, wie schon oben angedeutet, durch technische Beschränkungen beim Automationsfortschritt, Nachfrage nach noch nicht vollautomatisch herstellbaren Produkten und (noch vorhandene und respektierte) Gesetze und Verträge etwas gebremst, aber die Richtung ist eindeutig vorgegeben. Die Fahrt ist nicht aufzuhalten, es sei denn, man ändert die Preisrelationen im obigen Sinne. Der Gewinn wäre groß: *Vom Abrutschen auf schiefem Hang zur Handlungsfreiheit im Gleichgewicht.* Genutzt werden kann diese Handlungsfreiheit zur Markteinführung der arbeitsintensiven Techniken der rationellen Energieverwendung und der erneuerbaren Energien und zur Finanzierung der intellektuellen und emotionalen Bildung auf der Kommunikationsebene.

Da der Energiepreis unter diesen Umständen so stark angehoben werden muß, daß die Energiekosten, statt wie bisher 5%, in Zukunft rund 50% der Produktionskosten ausmachen, deckt eine derartige Energiepreiserhöhung auch die sozialen Kosten der Energienutzung ab, so daß das schwierige bis unlösbare Problem der Bestimmung dieser Kosten gegenstandslos wird.

Einen internationalen Vergleich der Preise für unverbleites Benzin, incl. Steuern, einerseits, und des Grenzsteuersatzes auf die menschliche Arbeit, andererseits, gibt die Tabelle 5.3. Danach ist in Deutschland der Grenzsteuersatz auf die Arbeit hoch, während der Benzinpreis relativ niedrig ist. Letzteres bestätigt auch eine Mitteilung des ADAC vom April 1998, derzufolge Benzin in vielen europäischen Reiseländern deutlich teuerer ist als in Deutschland. Nur in der Schweiz, Luxemburg und den osteuropäischen Ländern kämen die Autofahrer billiger davon.

Daß Energiepreiserhöhungen aufgrund staatlich gesetzter Rahmenbedingungen ein marktkonformes und ökonomisch effizientes Steuerungsinstrument sind, erklärten im Vorfeld der Dritten Vertragsstaatenkonferenz der UN-Klimarahmenkonvention über 2000 Nationalökonomen der USA, darunter sechs Nobelpreisträger, mit den Worten: "The United States and other nations can most efficiently implement their climate policies through market mechanisms such as carbon taxes or the auction of emission permits. The revenues generated from such policies can effectively be used to reduce the deficit or to lower existing taxes." [90]

3. Knappheit und Innovationen

Ältere und jüngere Erfahrungen lehren, daß Knappheit stimulieren und Überfluß lähmen kann.

Tabelle 5.3 *Benzinpreis (BP)[a] und Steueranteil (BS in %)) sowie Grenzsteuersatz (AS in %)[b] auf die menschliche Arbeit[c] [89]*

Land	BP	BS (%)	AS (%)
USA	0.37	29	25
Schweiz	0.55	70	-
Luxemburg	0.61	65	-
Dänemark	0.64	65	58
Japan	0.67	48	18
Österreich	0.75	63	-
Deutschland	0.76	76	56
Finnland	0.78	72	53
Frankreich	0.81	79	55
Großbritannien	0.81	70	40
Belgien	0.83	72	59
Irland	0.86	66	-
Niederlande	0.89	75	63
Norwegen	0.89	71	43
Griechenland	0.93	71	-
Italien	1.02	74	52
Portugal	1.27	70	-

[a]Unverbleites Benzin incl. Mehrwertsteuer in US Kaufkraft–Einheiten pro Liter im Jahre 1994.

[b]Grenzsteuersatz AS = (Prozentuale) Differenz zwischen den Kosten, die Unternehmern entstehen, wenn der Lohn eines Durchschnittsbeschäftigten in der Produktion um eine Einheit steigt, und dem Betrag, den der Beschäftigte erhält.

[c]Einschließlich Sozialausgaben und Einkommensteuer.

- Die industrielle Revolution und die mit ihr einhergehenden Innovationen wurden in England durch den Verlust der amerikanischen Kolonien und die 40 Jahre später von Napoleon verhängte Kontinentalsperre beschleunigt [91].

- Nach der Vertreibung Napoleons hatten sich die französischen Großgrundbesitzer ihren vorrevolutionären Forstbesitz wiedergeholt. Aus dem scheinbaren Überfluß ihrer Holzbestände belieferten sie die französischen Eisenhütten, die bis in die Mitte des 19. Jahrhunderts trotz reicher französischer Kohlevorkommen an der veralteten, ineffizienten

Technik der holz- und holzkohlebefeuerten Eisenverhüttung festhielten. Ein schwerindustriell–agrarisches Bündnis hatte eine Politik der Hochschutzzölle durchgesetzt, die technisch fortgeschrittenere, kohleverbrennende Wettbewerber vom französischen Markt fernhielt und beide Bundesgenossen von dem Zwang befreite, ihre Betriebe zu modernisieren [91]. So gingen damals wie heute kurzfristiges Profitinteresse und energie- und wirtschaftspolitische Rückständigkeit Hand in Hand und behinderten den technischen Fortschritt.

- Die aus politischen Gründen von den OPEC–Staaten herbeigeführte künstliche Verknappung der Ölversorgung durch eine Verdreifachung des Rohölpreises zwischen 1973 und 1975 hatte die Entwicklung der nicht-fossilen Energiequellen und der Techniken rationeller Energieverwendung entscheidend gefördert (und auch zur Erschließung der Nordsee–Ölfelder mittels der Bohrinsel–Technik geführt). In der Erwartung eines dauerhaften Rohölpreises von 60 $ pro Barrel investierten die westlichen Industrieländer massiv in energietechnische Innovationen[25]. Das hatte, wie in Abschnitt 3.1. dargelegt, des Kapitalstocks Energieeffizienz erhöht und seine Produktionsmächtigkeit (α) so gesteigert, daß der Beitrag des Kapitalwachstums zum Wirtschaftswachstum deutlich verstärkt wurde und eine zeitweise Entkopplung von Energie- und Wirtschaftswachstum stattfand. Doch nachdem der Ölpreis von seinem 1981 erreichten Spitzenwert zwischen 50 und 60 Dollar pro Barrel im Jahre 1985 auf 20 Dollar abstürzte, wurden Energieforschungsprojekte teilweise stark gekürzt, und der Weg energietechnischer Innovationen aus den Forschungsstätten in die Wirtschaft ist wieder lang und schwer geworden.

Energiesteuern in der Diskussion

Naturgesetzliche Zwänge und volkswirtschaftliche Vernunft sprechen für höhere Energiepreise. Je klarer das zutage tritt, desto heftiger wird der Widerstand von Interessenvertretern. In mancher Beziehung erinnert er an den Widerstand von Großgrundbesitzern gegen Sozialreformen: in vergangenen Zeiten gegen Sklavenbefreiung und Aufhebung der Leibeigenschaft, im heutigen Lateinamerika gegen Bodenreform. Widerstand und Ähnlichkeiten sind verständlich, denn schließlich geht es um das alte Problem der Selbstbeschränkung der Mächtigen: Die Inhaber der wirtschaftlichen und politischen Macht müssen ein zuerst ihnen selbst zugute kommendes Wirtschaften aus dem scheinbar Vollen

[25] Formal zeigt sich das in der Aktivierung des Kreativitätsterms $\frac{\partial \ln q}{\partial t}dt$ in der Wachstumsgleichung (3.2), d.h. den Parameteränderungen in den Abb. 3.1 - 3.3.

überführen in ein Wirtschaften, das die Grenzen der natürlichen Ressourcen auf Erden und den Anspruch jedes Menschen auf ein Leben frei von Elend respektiert. Hinzu kommt das schwierige technische Problem, wie die fundamentale Umwälzung der Kostenstruktur des ökonomischen Produktionsprozesses ohne zeitweisen Zusammenbruch des Prozesses selbst vollzogen werden kann. Die folgenden Ausschnitte aus der aktuellen Diskussion beschreiben Widerstand und Probleme.

- "Die Absicht der EU–Kommission, die Energieträger innerhalb der Gemeinschaft einheitlich zu besteuern, stößt beim Bundesverband der Deutschen Industrie (BDI) auf Ablehnung. BDI–Präsident Hans–Olaf Henkel bezeichnete am 9. Oktober in Brüssel den Vorschlag des Kommissars Mario Monti als 'bürokratisches Monster', da er zu viele Ausnahmen enthalte und einen allzu hohen Aufwand bei der Steuerverwaltung verursache. Besser seien freiwillige Vereinbarungen und Selbstverpflichtungen der Industrie." [92]
  Nun ist es sicher schön und wünschenswert, wenn freiwillig das Richtige getan wird. Doch die Erfahrung lehrt, daß in wirtschaftlichen Dingen gesetzliche Zwänge angebracht sind, wenn der Markt versagt. Im Streit um die Großfeuerungsanlagenverordnung (GVO) Anfang der 80er Jahre rechneten nach Auskunft von Mitarbeitern des zuständigen Innenministeriums Interessenvertreter jedes zurückzuhaltende Milligramm Schwefeldioxid in den Verlust mehrerer tausend Arbeitsplätze um. Nichts dergleichen trat nach der Verabschiedung der GVO ein. Im Gegenteil wurden lange vor Ablauf der vorgegebenen Fristen die gesetzlichen Auflagen zur Rauchgasreinigung weit besser als vorgeschrieben erfüllt: Manager und Ingenieure zeigten, was sie können, wenn sie müssen. Ähnliches konnte man vor und nach der Einführung der gesetzlichen Bestimmungen zur Förderung von Katalysatoren in Kraftfahrzeugen beobachten. Diesen Erfolgen gesetzlicher Zwänge steht das Versagen freiwilliger Selbstverpflichtungen gegenüber, wie es jüngst in der deutschen Automobilindustrie zutage trat. Diese war eine freiwillige Selbstverpflichtung zur deutlichen Absenkung des CO_2–Austoßes aus Kraftfahrzeugen eingegangen. Ende 1997 erklärte sie jedoch, daß es leider nicht möglich sei, dieser Selbstverpflichtung nachzukommen. Statt dessen forderte sie den Bau von mehr Straßen und die Einführung von Verkehrsleitsystemen zur Verringerung staubedingten Treibstoffverbrauchs.
  Im übrigen kann der Sorge um eine Überlastung der Steuerverwaltung abgeholfen werden. Dazu bedarf es nur des Verzichts auf alle Ausnahmeregelungen, die die verschiedenen Interessenvertreter durchgesetzt ha-

ben. Auch die Rückkehr zu den urprünglichen Vorschlägen der Kommission der Europäischen Gemeinschaft vom 25. Oktober 1991 wäre ein Fortschritt. Danach sollten ab dem 01.01.1993 EU–weit eine kombinierte Energie–CO_2–Steuer mit einem Eingangssatz von 3 US Dollar pro Barrel Öl–Äquivalent eingeführt werden, die bis zu einem Satz von 10 US Dollar pro Barrel im Jahr 2000 angestiegen wäre. Am 11. Dezember 1991 hatte die Deutsche Bundesregierung diesen Vorschlag begrüßt. Doch er wurde nicht umgesetzt, weil Interessenvertreter seine Aussetzung durchsetzten, bis die USA und Japan gleiches täten.

- Die in sich widersprüchliche Argumentation von Interessenvertretern gegen Maßnahmen zur Emissionsminderung trat besonders auffällig bei den Anhörungen und Verhandlungen der "Subsidiary Bodies of the United Nations Framework Convention on Climate Change" vom 20. bis 31. Oktober 1997 in Bonn zutage. Ziel dieser Verhandlungen war die Vorbereitung der Vertragstexte, die auf der Dritten Vertragsstaatenkonferenz der UN–Klimarahmenkonvention in Kyoto im Dezember 1997 beschlossen werden sollten. [26] Mit Ausnahme des *European Business Council for a Sustainable Energy Future* sprachen sich bei den Anhörungen die Vertreter der großen Unternehmensverbände nachdrücklich gegen international vereinbarte Maßnahmen zur Emissionsminderung aus. In den Jahren zuvor jedoch hatten diese Verbände nationale Schritte zur Emissionsminderung mit dem Argument abgelehnt, nur bei international abgestimmten Schritten ließen sich Wettbewerbsverzerrungen vermeiden. – Interessant war auch die Beobachtung folgender Konferenzdynamik: Die *Ad hoc Group on the Berlin Mandate* hatte zur Vorbereitung der Bonner Verhandlungen in einer *List of Policies and Measures* die gesetzlichen und ökonomischen Maßnahmen zusammengestellt, die Produzenten und Konsumenten Anreize zur Verringerung der CO_2–Emissionen bieten. Darin wurden Energie– und CO_2–Steuern ausführlich dargestellt[27]. Während der Verhandlungen selbst wurde dann ein Kompromißpapier[28] präsentiert, in dem Energie– und CO_2–Steuern mit keinem Wort mehr erwähnt werden. Nur *Emissions Trading and Joint Implementation* standen noch zur Diskussion. Die Beratungen darüber zeigten jedoch, daß mit den international handelbaren Emissionsrechten und den gemeinsam von

[26] Die hier mitgeteilten Informationen über diese Verhandlungen erhielt der Autor als Mitglied der Delegation des Hl. Stuhls.

[27] Dokument FCCC/AGBM/1997/INF.1.

[28] Dokument FCCC/AGBM/1997/7.

Industrie– und Entwicklungsländern durchzuführenden Emissionsminderungsmaßnahmen (mit Gutschriften für beide Partner) komplizierte meßtechnische und juristische Probleme verbunden sind, die überhaupt noch nicht gelöst sind. Dennoch, oder vielleicht gerade deswegen, wurde *Joint Implementation* in Kyoto als einziges ökonomisches Instrument akzeptiert. Sonst hätte das Vertragswerk im Kongreß der Vereinigten Staaten, die derzeit ein Viertel der weltweit eingesetzten Primärenergie für sich beanspruchen und ein Viertel der weltweiten CO_2–Emissionen zu verantworten haben, gegen den starken Einfluß der US Industrielobby von vornherein keine Chance gehabt.

- In Diskussionen um höhere Energiepreise machen sich besonders Besserverdienende zu Anwälten der sozial Schwachen: Arbeitnehmer würden bei gestiegenen Treibstoffpreisen durch die Fahrten mit ihrem PKW zum Arbeitsplatz in sozial unerträglicher Weise belastet. Das Gleiche gälte für gestiegene Energiekosten im Haushalt. Dabei wird verschwiegen, daß ein Ausgleich über die Erhöhung der Kilometerpauschale bei der Lohn– und Einkommensteuer sowie der Mietzuschüsse bei Wohngeldempfängern ohne zusätzliche Bürokratie soziale Härten vermeiden kann. Eine Verteuerung des stark anwachsenden Freizeitverkehrs, der Energieverschwendung im Haushalt und aller energieintensiven Güter und Dienstleistungen würde allerdings jeden treffen. Doch angesichts der in den Tabellen 3.4, 4.7 und 4.8 ausgewiesenen geringen Beträge der Energiekosten im Verhältnis zu den Kosten anderer Güter des täglichen Bedarfs und ihres Anteils von nur rund 5% sowohl an der Summe aller privaten Ausgaben (ohne Verkehr) als auch der industriellen Produktionskosten ist zu erwarten, daß die mit erhöhten Energie– und abgesenkten Arbeitskosten verbundenen Konsumeinschränkungen sozial verträglicher sein werden als der bei niedrigen Energie– und hohen Arbeitspreisen anhaltende Arbeitsplatzabbau und Raubbau an den natürlichen Lebensgrundlagen. Im übrigen liegen seit langem ausführliche Untersuchungen zu Härtevermeidung und sozialer Feinsteuerung bei der Einführung von Energiesteuern vor [93]. *Für hohe Sozialverträglichkeit, ja langfristige Unverzichtbarkeit von Energiesteuern spricht außerdem die demographische Entwicklung in den Industrieländern: Die Finanzierung der Gemeinschaftsaufgaben des Staates und der sozialen Sicherungssysteme durch Steuern auf den naturgesetzlich unverzichtbaren Produktionsfaktor Energie wird auch bei einer Umkehrung der Alterspyramide nicht zusammenbrechen.*

- Unternehmer mit wirtschaftlichem Weitblick sehen folgerichtig auch ihr Eigeninteresse langfristig am besten durch eine ökologische Steuerreform gewahrt. So schreibt Rolf Bach vom Verband zur Förderung umweltgerechten Wirtschaftens [94]: "Der Wirtschaftsstandort Deutschland kann nach Einschätzung des Autors nur langfristig gesichert werden, wenn jetzt damit begonnen wird, Produkte und Produktionsweisen nach ökologischen Anforderungen (Anlastung externer Kosten, Schonung von Ressourcen etc.) umzugestalten. Ohne einen sozialen und ökologischen Umbau ist die gesellschaftliche Akzeptanz der gesamten Wirtschaftsordnung gefährdet. Gefordert wird deshalb im Verkehrsbereich die vollständige Anlastung der Kosten an die Nutzer durch eine drastische Erhöhung der Mineralölsteuer, die Einführung von Primärenergie– und Müllabgaben sowie eine Neuorganisation der Finanzierung des Sozialversicherungssystems durch eine Wertschöpfungsabgabe. ... Für die internationale Wettbewerbsfähigkeit werden ... (die) Anpassungsprozesse kurz– und mittelfristig schmerzhaft sein, allerdings besteht auch kein Zweifel, daß ohne diese Anpassungsprozesse die internationale Konkurrenzfähigkeit auf mittlere Sicht verspielt wird."

- Die notwendigen Anpassungsprozesse wurden bisher nicht nur nicht eingeleitet, sondern sogar massiv behindert. So stellt Lorenz Jarass fest [95]: "Wie die ... Untersuchung der Belastungen aus Abgaben und Steuern für die Produktionsfaktoren Arbeit, Kapital, Energie und Rohstoffe sowie Umwelt in neun EG–Ländern und den internationalen Wettbewerbern Japan und USA ... zeigt, wurde in den letzten 20 Jahren eine antiökologische Steuerreform durchgeführt: Arbeit wurde stärker belastet als Energie und Umwelt. Damit wurde alles unternommen, um Arbeitslosigkeit, Energieverschwendung und Umweltbelastung zu erhöhen ... Ganz im Gegensatz zur allgemeinen Vermutung ist der Anteil der Energiesteuern an den gesamten Steuern seit 1970 um die Hälfte gefallen, der Anteil des Produktionsfaktors Arbeit um 10% gestiegen."

- Angesichts dieser Verhältnisse sieht Gerhard Voss vom Institut der Deutschen Wirtschaft [96] schwere Strukturverwerfungen bei nationalen Energiesteuer–Alleingängen: "Die Beurteilung der Konzepte für eine ökologische Steuerreform muß bei der Wirkung von Energiesteuern ansetzen. Denn alle aktuellen Reformpläne bauen auf einer drastischen Anhebung allgemeiner Energiesteuern auf, wobei mit Aufkommen gerechnet wird, die an Größenordnungen der heute im Steuersystem dominierenden Lohn– oder Umsatzsteuer heranreichen. ... Die Folgen ökologisch motivierter Energiesteuern lassen sich auf einen beschleunigten wirtschaftlichen Strukturwandel reduzieren, der primär die umwelt- und energieintensiven Wirtschaftszweige unter zusätzlichen Innovations- und Wettbewerbsdruck setzt. Die extreme Konsequenz einer solchen ökologischen Strukturpolitik: Selbst wenn diese Industriezweige energiewirtschaftlich und umwelttechnisch weltweit das Spitzenniveau vorgeben, wird ihnen eine Produktion am Industriestandort Deutschland unmöglich gemacht."

- Die für die UN-Klimarahmenkonvention erstellte "Tranche I Taxation Study" stellt fest [97]: "Although energy expenditures amount to a relatively low percentage of Gross Domestic Product within OECD economies (between three and 11% on a purchasing power parity basis with a 5.8% average for OECD as a whole) energy-intensive industries would still lose competitiveness, all other things being equal, if other trade partners were not to adopt similar carbon/energy taxes."

So lassen nationale Alleingänge (bei Verzicht auf Importzölle und Exportsubventionen gemäß den Energieanteilen an der Herstellung der Produkte) Wettbewerbsnachteile für energieintensive Basisindustrien befürchten. Auch wäre dem Umweltschutz nicht damit gedient, wenn diese Industrien in Länder mit niedrigen Energiepreisen und Umweltstandards abwanderten. Die Tabelle 5.4 zeigt die industriellen Energiekosten in den alten Bundesländern Deutschlands.

Stehen nationale Wirtschaften also vor dem Dilemma, daß ihre internationale Wettbewerbsfähigkeit leidet, wenn sie ökologische Steuerreformen zu spät oder zu früh durchführen? Gibt es nur ein enges Zeitfenster, das sich dann auftut, wenn alle Mit-Wettbewerber erwarten, daß die Konkurrenz zum Sprung ansetzt und dabei Erfolg haben wird? So eng müssen die Dinge nicht gesehen werden, denn es geht gar nicht mehr um nationale Alleingänge. Was vor wenigen Jahren noch fast als Utopie erschien, ist unter der Drohung des anthropogenen Treibhauseffekts inzwischen Wirklichkeit geworden: Internationale Institutionen und Vertragswerke wie die Europäische Union und die Klimarahmenkonvention der Vereinten Nationen bieten den institutionellen Rahmen, innerhalb dessen Wettbewerbsverzerrungen minimiert werden können. Daß dieser Rahmen kreativ genutzt wird, lassen die Klima-Verhandlungen der Vereinten Nationen hoffen, trotz aller Obstruktionsversuche der fossilen Interessenvertreter. Denn bei diesen Verhandlungen werden auch Nichtregierungsorganisationen (NGOs) gehört, in denen sich höchst kompetente, in der Mehrzahl junge Frauen und Männer professionell (und selbstausbeuterisch) für

Tabelle 5.4 *Energiekosten im Bergbau und Verarbeitenden Gewerbe (VERGEW). Anteile in % vom Bruttoproduktionswert[a] [98]*

Jahr	1984	1986	1987	1988	1989	1990	1991	1992	1993
BERGBAU	7.3	8.7	9.4	9.8	9.7	10.4	9.9	9.9	11.3
VERGEW	3.2	2.8	2.5	2.3	2.3	2.2	2.2	2.1	2.3
GP[b]	5.7	5.4	5.1	4.5	4.4	4.4	4.4	4.2	4.2
EI[c]	13.2	13.1	12.5	10.1	9.2	10.1	11.1	11.1	12.0
CI[d]	5.4	4.5	4.2	3.6	3.7	3.8	3.7	3.5	3.5
IG[e]	1.5	1.4	1.3	1.2	1.2	1.1	1.1	1.1	1.2
VG[f]	2.9	2.7	2.4	2.3	2.3	2.2	2.2	2.1	2.1
NG[g]	2.1	1.9	1.7	1.5	1.6	1.6	1.6	1.6	1.5

[a] Bruttoproduktionswert = Bruttowertschöpfung + Vorleistungen. Im Jahre 1989 betrug im gesamten Verarbeitenden Gewerbe die Bruttowertschöpfung rund 37% des Bruttoproduktionswertes.

[b] Grundstoff– und Produktionsgüterindustrie

[c] Eisenschaffende Industrie

[d] Chemische Industrie

[e] Investitionsgüter

[f] Verbrauchsgüter

[g] Nahrungs– und Genußmittel

den Klimaschutz einsetzen. Zu Recht werden diese NGOs von vielen Vertragsstaatendelegierten als das Gewissen der Welt bezeichnet. Ihren Argumenten, die auf dem jeweils neuesten wissenschaftlichen Erkenntnisstand beruhen, folgen die Delegierten mit großer Aufmerksamkeit. Nur vermag es niemand, den US–Kongreß zum Nachvollzug dieser Argumente zu zwingen. Sobald jedoch der Kongreß mehr auf die Stimmen der Besten in Wissenschaft und Bürgerbewegungen der Vereinigten Staaten hört als auf kurzsichtige Privatinteressen, kann im Rahmen der bestehenden internationalen Institutionen das ökologisch Notwendige und sozio–ökonomisch Vernünftige ausgehandelt werden.

Dabei wird es hilfreich sein, wenn abgeschätzt werden kann, wie sich die verschiedenen Wirtschaftssektoren entwickeln, wenn langfristig vorhersehbar die Preise für Energie steigen und für Arbeit sinken. Hier ist Forschungsbedarf gegeben. U.a. wurde in diesem Zusammenhang ein multisektorales Optimierungsmodell für die deutsche Wirtschaft entwickelt, das auf der in Kapitel 3 skizzierten Wachstumstheorie beruht und gewinnmaximierendes Unternehmerverhalten unterstellt [99]. Nach seiner empirischen Überprüfung soll es zeigen, wie in verschiedenen Szenarien der Energiesteuer–Rückerstattung die Produzenten und Konsumenten auf die Preisverschiebungen reagieren.

Orientierungshilfen bieten dabei die Empfehlungen einer Expertengruppe der UN–Klimarahmenkonvention, die in einer Studie über die Auswirkungen einer kombinierten Energie–CO_2–Steuer von 100 US $ pro Tonne Kohlenstoff u.a. schreiben [100]: "Appropriate recycling of tax revenues to the productive sector would help reduce the negative effects of the tax on energy–intensive sectors. Investment tax credits or funding for energy efficiency improvements could also be granted to energy intensive sectors. Other options include progressive carbon tax rebates that limit the tax burden but still encourage lower emissions, or tax rebates with the threat of a full payment of the tax if certain agreed emission limits are not met by the company/sector. It is often suggested that competitiveness problems from carbon/energy taxation can be minimised through border tax adjustment. Border tax adjustments are currently under discussion and study by the WTO and the OECD with respect to their legal requirement and practicality."

Trotz aller Fortschritte in Forschung und internationaler Kooperation bleibt der Berner Politikwissenschaftler Klaus Armingeon jedoch skeptisch. Er sieht allein in Europa sechs schwer zu überwindende Hürden gegen die Einführung von Energiesteuern [101]: 1. Die materiellen Interessen der unmittelbar betroffenen Branchen, Unternehmen und Arbeitnehmergruppen. 2. Die Struktur der westeuropäischen Parteiensysteme, die viel mehr von den historischen sozio–kulturellen Spaltungen als von den neuen Streitfragen moderner Gesellschaften geprägt sind. 3. Die Verflechtung von politischen Entscheidungen zwischen den übereinandergelagerten Ebenen des politischen Systems. 4. Die internationale Verflechtung der Nationalstaaten und die Einstimmigkeitsregel der Europäischen Union bei grundlegenden Fragen. 5. Die Vergangenheitsprägung der Strukturen und Politiken eines Landes. Insbesondere ist seine Steuerverwaltung mit enormen Kosten über lange Jahre hinweg für ein spezifisches Steuersystem ausgeformt worden, für das die Auswirkungen von Veränderungen niemand absehen kann. 6. Die Probleme bei der Umsetzung politischer Entscheidungen in Verwaltungstätigkeit, die manchmal sogar das Gegenteil des angestrebten Ziels bewirkt.

Werden die entwickelten Industriegesellschaften die Weitsicht und die Kraft zum Umsteuern aufbringen? Viel steht auf dem Spiel. Die Wirtschaftswissenschaftler Udo Müller und Oliver Budzinski bringen es auf den Punkt [102]: "Arbeitslosigkeit und Umweltzerstörung (drohen) zu 'Stigmen der Marktwirtschaft' zu werden, d.h. zu Phänomenen, die unausweichlich mit einer marktwirtschaftlichen Wirtschaftsordnung verbunden sind. Damit bedrohen sie langfristig die gesellschaftliche Akzeptanz marktwirtschaftlicher Ordnung überhaupt." Wirtschaftsordnungen ohne gesellschaftliche Akzeptanz konnten noch nie lange aufrechterhalten werden. In der Regel waren ihre Zusammenbrüche mit kriegerischen Konflikten verbunden. Nach ihrem Sieg über die sozialistische Planwirtschaft ist Marktwirtschaft die global herrschende Wirtschaftsordnung. Ihr Zusammenbruch hätte furchtbare Folgen. So ist es tröstlich, daß der Geschichtsphilosoph Arnold Toynbee mit verhaltenem Optimismus die Möglichkeit eines Umdenkens und neuen Verhaltens sieht, die Voraussetzung für die notwendigen tiefgreifenden Veränderungen sind [103]: "Unterdes lenkt die Krise der Gegenwart unseren Blick auf den großen Beitrag der höheren Religionen zur Selbsterhaltung des Menschengeschlechts. ... (Es) bleibt der Menschheit ... nur die Alternative, die schwere Kunst des solidarischen Zusammenlebens zu erlernen. Wir haben auch nicht mehr viel Zeit, diese revolutionäre Reform unserer traditionellen Denk- und Verhaltensweise durchzuführen; unsere Aussicht, diese Aufgabe zu bewältigen, bevor eine von uns selbst heraufbeschworene Katastrophe mit tödlichem Ausgang über uns hereinbricht, wäre minimal, wenn nicht die höheren Religionen seit über zweieinhalb Jahrtausenden daran gearbeitet hätten, das Denken und Fühlen der Menschen auf die große soziale und moralische Umkehr vorzubereiten, von der jetzt die Existenz der Menschheit abhängt."

Zusammenfassung

Sonnenenergie, eingestrahlt im Wechsel der Jahreszeiten und im Rhythmus von Tag und Nacht, bildete bis vor etwa 200 Jahren die Grundlage jeglichen Wirtschaftens. Sie lieferte dem Menschen über die Photosynthese Nahrung und Brennholz und zusätzlich etwas Wind- und Wasserkraft. Die Erfindung der Wärmekraftmaschinen in der Mitte des 18. Jahrhunderts setzte die industrielle Revolution in Gang. Sie erschloß die fossilen Energievorräte, die die Sonne in der Form von Kohle, Öl und Gas angelegt hatte. So wurden die Menschen der Industrieländer energetisch weitgehend unabhängig von den schwankenden solaren Energieflüssen, deren Nutzung von der Größe und Güte der Bodenoberfläche begrenzt war. Sie verbrannten innerhalb von zwei Jahrhunderten ein Drittel der während 200 Millionen Jahren angesammelten fossilen Energien, und die aus den Wärmekraftmaschinen gewonnene Arbeit nährte ein noch nie dagewesenes Wachstum der Produktion von Gütern und Dienstleistungen. Dies schenkte besonders in den demokratischen Industrieländern immer größeren Teilen der Bevölkerung materiellen Wohlstand und persönliche Entfaltungsmöglichkeiten, wie sie in den Agrargesellschaften nur den Mitgliedern der feudalen Oberschicht vergönnt waren, die menschliche und tierische Muskelkraft ausbeuteten. In diesem Sinne war die industrielle Revolution vermutlich das wichtigste Ereignis der Weltgeschichte seit der Entwicklung der Landwirtschaft und der Städte.

Die Erfindung des Transistors in der Mitte des 20. Jahrhunderts setzte eine stürmische Entwicklung der elektronischen Datenverarbeitung in Produktion und Kommunikation in Gang. In wachsendem Maße befreien Wärmekraftmaschinen und Transistoren den Menschen von körperlicher und geistiger Routinearbeit. Unter den gegenwärtigen wirtschaftlichen Rahmenbedingungen führt diese Befreiung in die Arbeitslosigkeit. Ebenso überfordern zunehmend die Emissionen aus der Verbrennung von Kohle, Öl und Gas die Schadstoffaufnahmekapazität der Biosphäre. Niedrige Energiepreise verhindern, daß innovative Techniken der rationellen Energieverwendung und der Nutzung nicht-fossiler

Energiequellen sich am Markt gegen die konventionelle Kohlenstoffverbrennung durchsetzen können.

Die industrielle Wertschöpfung erfolgt durch Arbeitsleistung und Informationsverarbeitung im Zusammenwirken der Faktoren Kapital, Arbeit und Energie. Dabei ist in entwickelten Industriegesellschaften die Naturgabe Energie so produktionsmächtig wie Kapital und Arbeit zusammen. Im Verein mit menschlicher Kreativität treibt sie das Wirtschaftswachstum voran. Der Prozeß der Industrialisierung und seine Rückwirkungen auf Natur und Gesellschaft erfassen immer mehr Länder der Erde und vereinigen sie in einer einzigen technisch-industriellen Zivilisation. Diese muß Verteilungsgerechtigkeit schaffen und die natürlichen Lebensgrundlagen bewahren. Ein effizienter, marktkonformer Weg zu diesem Ziel liegt in der Besteuerung von Kapital, Arbeit und Energie gemäß ihren Produktionsmächtigkeiten.

Einheiten

Größenangaben

Präfix	Kürzel	Zahl	in Worten
μ	micro	$= 10^{-6}$	millionstel
m	milli	$= 10^{-3}$	tausendstel
k	Kilo	$= 10^{3}$	Tausend
M	Mega	$= 10^{6}$	Million
G	Giga	$= 10^{9}$	Milliarde
T	Tera	$= 10^{12}$	Billion
P	Peta	$= 10^{15}$	Billiarde
E	Exa	$= 10^{18}$	Trillion

Energieeinheiten

gesetzlich: Joule
1 Joule [J] = 1 Wattsekunde [Ws]

gebräuchlich:

1	Megajoule	=	10^{6} [J]	=	1 [MJ]
1	Gigajoule	=	10^{9} [J]	=	1 [GJ]
1	Terajoule	=	10^{12} [J]	=	1 [TJ]
1	Petajoule	=	10^{15} [J]	=	1 [PJ]
1	Exajoule	=	10^{18} [J]	=	1 [EJ]

1 Kilowattstunde [kWh] = $3{,}6 \times 10^{6}$ [J]
1 Terawattstunde [TWh] = 3,6 [PJ]
1 Terawattjahr [TWa] = 31,5 [EJ]
1 Exajoule = 278 TWh

1 Million Tonnen Steinkohleeinheiten [tSKE] = 1 MtSKE = 29,3 [PJ]

1 Million Tonnen Öleinheiten [tÖE] = 1 MtÖE = 41,9 [PJ]
1 Tonne ÖE = 7,3 barrel ÖE (1 barrel = 159 Liter)

historisch: Kalorie [cal]
1 cal = 4,19 [J]

Energie–Umrechnungsfaktoren

Einheiten	MJ	kWh	tSKE	tÖE
1 MJ	1	0,278	0,034	0,024
1 kWh	3,6	1	0,000123	0,000086
1 tSKE	29 304	8 140	1	0,700
1 tÖE	41 868	11 630	1,429	1

Leistungseinheit

gesetzlich: Watt [W]
1 Watt = 1 Joule pro Sekunde [J/s]

Literaturverzeichnis

[1] C. Sybesma, *Biophysics*, Kluwer, Dordrecht, 1989

[2] A. Stahl, *Entropiebilanzen und Ressourcenverbrauch*, Naturwissenschaften **83**, 459 -466 (1996); *Die Ökologie als Fundgrube für die Anwendung des Entropiegesetzes*, Praxis der Naturwissenschaften **8/46**, 21–27 (1997)

[3] R. P. Sieferle, *Das vorindustrielle Solarenergiesystem*, in: Energiepolitik (H.G. Brauch Hrsg.), Springer, Berlin, 1997, S. 27–46. Diesem in seiner Klarheit und Faktenfülle bestechenden Aufsatz sind viele Informationen über die vorindustriellen Gesellschaften entnommen.

[4] K. Heinloth, *Energie und Umwelt*, 2. Aufl., B.G. Teubner, Stuttgart, 1996

[5] R. Kümmel, D. Lindenberger, W. Eichhorn, *Energie, Wirtschaftswachstum und technischer Fortschritt*, Phys. Blätter **53**, 869–875 (1997)

[6] P.A. Samuelson, *Volkswirtschaftslehre Band I und Band II*, Bund Verlag, Köln, 1975

[7] Internationale Energieagentur, *Welt Energie Ausblick*, OECD, Paris, 1993

[8] Deutsche Physikalische Gesellschaft und Deutsche Meteorologische Gesellschaft, *Warnung vor drohenden weltweiten Klimaänderungen durch den Menschen*, Phys. Blätter **43**, 347–349 (1987)

[9] Deutsche Physikalische Gesellschaft, *Energiememorandum 1995*, Phys. Blätter **51**, 388–391 (1995)

[10] Deutsche Physikalische Gesellschaft, *Erklärung zur CO_2-Emissionsminderung anläßlich der 3. Vertragstaaten-Konferenz der UN-Klimarahmenkonvention vom 1.-10.12.1997 in Kyoto, Japan*, Phys. Blätter **53**, 1178 (1997)

[11] E.F. Denison, Survey of Current Business, August 1979, Part II, 1–24 (1979)

[12] B. Gahlen, *Der Informationsgehalt der Neoklassischen Wachstumstheorie für die Wirtschaftspolitik*, J.C.B. Mohr, Tübingen, 1972

[13] H. Pack, *Endogeneous Growth Theory: Intellectual Appeal and Empirical Shortcomings*, Journal of Economic Perspectives **8**, 55–72 (1994)

[14] H.K. Schneider, in: G. Bombach (Hrsg.), *Technologischer Wandel - Analyse und Fakten*, Schriftenreihe des wirtschaftswissenschaftlichen Seminars Ottobeuren Bd. 15, Tübingen, 1986, S. 19

[15] T.C. Koopmans, *Economics among the Sciences*, The American Economic Review **69**, 1–13 (1979)

[16] W. Eichhorn, *Das magische Neuneck. Umwelt und Sicherheit in einer Volkswirtschaft*, Hain, Frankfurt/M., 1990; *Uneasy Polygons: Environment and Security within the System of Aims of an Economy*, Metroeconomica **43**, 289–308 (1992)

[17] F. Söllner, *Thermodynamik und Umweltökonomie*, Physica–Verlag, Heidelberg, 1996

[18] H.E. Daly, *On Nicholas Georgecu–Roegen's contributions to Economics: an obituary essay*, Ecological Economics **13**, 149–154 (1995)

[19] M. Faber, H. Niemes, G. Stephan, *Entropy, Environment, and Resources*, Springer, Berlin, 1987

[20] D. W. Jorgenson, *The Role of Energy in Productivity Growth*, The American Economic Review **74, No.2**, 26–30 (1984)

[21] Institut der deutschen Wirtschaft, *1996 Zahlen zur wirtschaftlichen Entwicklung der Bundesrepublik Deutschland*, Deutscher Instituts Verlag, Köln, 1996

[22] a) R. Kümmel, *Growth Dynamics of the Energy Dependent Economy*, Hain, Königstein/Ts. and Oelgeschlager, Gunn & Hain, Cambridge, Mass., 1980; b) R. Kümmel, *The Impact of Energy on Industrial Growth*, Energy - The International Journal **7**, 189–203 (1982); c) R. Kümmel, W. Strassl, A. Gossner, and W. Eichhorn, *Technical Progress and Energy Dependent Production Functions*, Z. Nationalökonomie – Journal of Economics **45**, 285–311 (1985); d) R. Kümmel, A.Kunkel, D. Lindenberger,

Energy dependent production functions, technological change, and industrial evolution, in: Econometrics of Environment and Transdisciplinarity, Vol.II (A. Barazani, F. Carlevaro Eds.), Applied Econometrics Association, Lisbon/Geneva, 1996, pp. 593–611.

[23] H.C. Binswanger und E. Ledergerber: *Bremsung des Energiezuwachses als Mittel der Wachstumskontrolle*, in: *Wirtschaftspolitik in der Umweltkrise* (J. Wolff Hrsg.), dva, Stuttgart, 1974

[24] R.U. Ayres, *Limits to growth paradigm*, Ecological Economics **19**, 117–134 (1996)

[25] Institut der deutschen Wirtschaft, *Internationale Wirtschaftszahlen 1995*, Deutscher Instituts-Verlag, Köln, 1996

[26] R. Kümmel, *Energie und Wirtschaftswachstum*, Konjunkturpolitik, **23**. Jahrg., 152–173 (1977)

[27] H.G. Danielmeyer, T. Martinetz, *Best Practice Code of the Industrial Society*, Acta 7th Forum Egelberg (1996), and Research Conference on Dynamics, Economic Growth and International Trade, Helsingor (1996)

[28] H.G. Danielmeyer, *The Development of the Industrial Society*, European Review, im Druck

[29] R. Kümmel, D. Lindenberger, W. Eichhorn, *The Productive Power of Energy and Economic Evolution*, eingeladener Beitrag zum Special Issue on Macro and Micro Economics of the Indian Journal of Applied Economics, 1998, im Druck

[30] Institut der Deutschen Wirtschaft, *Zahlen zur wirtschaftlichen Entwicklung der Bundesrepublik Deutschland 1992*, Deutscher Instituts Verlag, Köln 1992

[31] U. Witt, *Self-organization and economics – what is new?*, Structural Change and Economic Dynamics **8**, 489–507 (1997)

[32] Bundesministerium für Wirtschaft, *Energiedaten 1994*, Bonn, 1994

[33] K. Heinloth, *Die Energiefrage*, Vieweg, Braunschweig, 1997

[34] U. Schüßler, R. Kümmel, *Schadstoff-Wärmeäquivalente als Umweltbelastungsindikatoren*, ENERGIE **42**, 40–49 (1990); R. Kümmel, U. Schüßler, *Heat equivalents of noxious substances: a pollution indicator for environmental accounting*, Ecological Economics **3**, 139–156 (1991)

[35] J. Fricke, U. Schüßler, R. Kümmel, *CO_2-Entsorgung*, Physik in unserer Zeit, **20**. Jahrg., 56–61 (1989)

[36] K. Blok, W.C. Turkenburg, Ch. A. Hendriks, M. Steinberg (Guest Editors), *Proceedings of the First International Conference on Carbon Dioxide Removal*, Energy Conversion and Management **33**, Number 5–8 (1992)

[37] J. Kondo, T. Inui, K. Wasa (Guest Editors), *Proceedings of the Second International Conference on Carbon Dioxide Removal*, Energy Conversion and Management **36**, Number 6–9 (1995)

[38] S. Arrhenius, Phil. Mag. **5**, 237 (1896)

[39] Ch.-D. Schönwiese, *Zwischen "Katastrophe" und "Schwindel" - Anmerkungen zur Klimadebatte*, Universitas **52**, 983–993 (1997)

[40] M. Stock, H.-J. Schellnhuber, *Klimawirkungsforschung – ein Schritt auf dem Weg zur Erdsystemanalyse*, Physik in unserer Zeit, **29**. Jahrg., 30–37 (1998)

[41] H.-W. Kammer, K. Schwabe, *Thermodynamik irreversibler Prozesse*, Physik–Verlag, Weinheim, 1986

[42] G. Kluge, G. Neugebauer, *Grundlagen der Thermodynamik*, Spektrum Fachverlag, Heidelberg, 1993

[43] G. K. O'Neill, a) *The Colonization of Space*, Physics Today, September 1974, p. 32–40; b) *The High Frontier*, W. Morrow & Co., New York, 1977 (deutsch: *Unsere Zukunft im Raum*, Hallwag, Bern, 1978); c) *The Low (Profile) Road to Space Manufacturing*, in: Astronautics and Aeronautics, Special Section, March 1978.
National Aeronautics and Space Administration, *Space Resources and Space Settlements*, (NASA SP–428), Washington D.C., 1978.
Space Manufacturing 5. Engineering with Lunar and Asteroidal Material, Proceedings of the Seventh Princeton/AIAA/SSI Conference (B. Faughnan, G. Maryniak Eds.), American Institute of Aeronautics and Astronautics, New York, 1985

[44] P.E. Glaser, a) *The Future of Power from the Sun*, IECEC 1968 Record, IEEE Publication 68C21–Energy, p. 98–103 (1968) b) *Solar Power from Satellites*, Physics Today, February 1977, p. 30–38.

US Department of Energy and the National Aeronautics and Space Administration, *Satellite Power System - Concept Development and Evaluation Program*, (DOE/ER-0023), National Technical Information Service, Springfield, Virginia, 1978

[45] Institut der deutschen Wirtschaft Köln, *Zahlen zur wirtschaftlichen Entwicklung der Bundesrepublik Deutschland 1996*, Deutscher Instituts Verlag, Köln 1996

[46] A.B. Atkinson, L. Rainwater and T.M. Smeeding, *Income Distribution in OECD Countries*, OECD, Paris, 1995

[47] *Die Zeit*, Nr. 23, 31. Mai 1996, S. 9

[48] Informationszentrale der Elektrizitätswirtschaft, *Energiewirtschaft kurz und bündig, Ausgabe 1991*, Frankfurt/Main, 1991

[49] International Energy Agency, *World Energy Outlook*, OECD, Paris, 1993

[50] G. Altner, H.-P. Dürr, G. Michelsen, J. Nitsch, *Zukünftige Energiepolitik - Vorrang für rationelle Energieumwandlung und -nutzung und regenerative Energiequellen* in: Energiepolitik (H.G. Brauch Hrsg.), Springer, Berlin, 1997, S. 401 - 410.

[51] H.-M. Groscurth, R. Kümmel, W. van Gool, *Thermodynamic Limits to Energy Optimization*, Energy - The International Journal **14**, 241–258 (1989)

[52] H.-M. Groscurth, R. Kümmel, *The Cost of Energy Optimzation: A Thermoeconomic Analysis of National Energy Systems*, Energy - The International Journal **14**, 685–696 (1989)

[53] H.-M. Groscurth, R. Kümmel, *Thermoeconomics and CO_2 Emissions*, Energy - The International Journal **15**, 73–80 (1990)

[54] H.-M. Groscurth, Th. Bruckner, R. Kümmel, *Energy, Cost, and Carbon Dioxide Optimization of Disaggregated, Regional Energy-Supply Systems*, Energy - The International Journal **18**, 1187–1205 (1993)

[55] Th. Bruckner, R. Kümmel, H.-M. Groscurth, *Optimierung emissionsmindernder Energietechnologien*, Energiewirtschaftliche Tagesfragen **47**, 139–146 (1997); Th. Bruckner, H.-M. Groscurth, R. Kümmel, *Competition and Synergy between Energy Technologies in Municipal Energy Systems*, Energy - The International Journal **22**, 1005–1014 (1997)

[56] E.W.A. Lingeman (editor), *Using Energy in an Intelligent Way*, Proceedings of the 111th WE–Heraeus Seminar, European Physical Society, Geneva, 1993

[57] World Energy Council, *Energy Efficiency Improvement Utilising High Technology*, World Energy Council, London, 1995

[58] J.M. Hollander, T.R. Schneider, *Energy-efficiency: issues for the decade*, Energy - The International Journal **21**, 273–287 (1996)

[59] M. Mohr, M. Skiba, D. Gerhardt, A. Ziolek, H. Unger, *Kostenminimierter Energiemix regenerativer Energieträger*, Energiewirtschaftliche Tagesfragen **45**, 290–294 (1995)

[60] Vereinte Nationen (Hrsg.), *World Population Prospects*, New York, 1994

[61] M. Eichelbrönner, H. Henssen, *Kriterien für die Bewertung zukünftiger Energiesysteme*, in: Energiepolitik (H.G. Brauch Hrsg.), Springer, Berlin 1997, S. 461–470

[62] A. Voß, U. Fahl, P. Schaumann, *Strategien zur Minderung energiebedingter Treibhausgasemissionen*, in: Energiepolitik, a.a.O., S. 389–400

[63] U. Peter, K. Ständer, *Ist Kernenergie in Zukunft wettbewerbsfähig?*, Energiewirtschaftliche Tagesfragen Heft 4/1995, S. 213–217

[64] K. Pinkau, *Stand und Perspektiven der Fusionsforschung*, in: Energie und Zukunft (W. Nahm, K. Schultze Hrsg.), Deutsche Physikalische Gesellschaft, Bad Honnef, 1997, S. 183–199

[65] G. Plass, *Inertialfusion mit Schwerionenzündung*, in: Energie und Zukunft, (W. Nahm, K. Schultze Hrsg.), Deutsche Physikalische Gesellschaft, Bad Honnef, 1997, S. 170–182

[66] C.E. Hewett, C.J. High, N. Marshall, R. Wildermuth, *Wood energy in the United States*, in: Annual Review of Energy, Vol. 6 (J.M. Hollander, M.K. Simmons, D.O. Wood Eds.), Annual Reviews Inc., Palo Alto, 1981, S. 139–170

[67] J.T. McMullan, R. Morgan, R.B. Murray, *Energy Resources*, 2nd Ed., Arnold, London, 1983

[68] J.M.O. Scurlock, D.O. Hall, *The contribution of biomass to global energy use*, Biomass **21**, 75 (1990)

[69] H.-B. Horlacher, *Energietechnik der Wasserkraftnutzung: Globales und nationales Potential*, in: Energiepolitik, a.a.O., S. 77–86

[70] A. Wiese, M. Kaltschmitt, *Stand und Perspektiven der Windkraftnutzung in Deutschland*, in: Energiepolitik, a.a.O., S. 87–100

[71] W. Kleinkauf, *Wirtschaftlichkeit und Perspektiven der Windenergienutzung in Deutschland*, in: Energiepolitik, a.a.O., S. 101–110

[72] V. U. Hoffmann, *Wasserstoff - Energie mit Zukunft*, B.G. Teubner Leipzig und vdf Zürich, 1994

[73] V. U. Hoffmann, *Photovoltaik - Strom aus Licht*, B.G. Teubner Leipzig und vdf Zürich, 1996

[74] J. Luther, W. Wettling, V. Wittwer, *Solarthermie und Photovoltaik - Technische Grundlagen und Potential*, in: Energiepolitik, a.a.O. S. 133–150

[75] W. Hoffmann, *Roms Aufstieg zur Weltherrschaft*, in: Propyläen Weltgeschichte Band 4 (Golo Mann und Alfred Heuß Hrsg.), Ullstein, Frankfurt/Main, 1991, S. 99–174

[76] A. Heuß, *Das Zeitalter der Revolution*, in: Propyläen Weltgeschichte Band 4 (Golo Mann und Alfred Heuß Hrsg.), Ullstein, Frankfurt/Main, 1991, S. 177–316

[77] Ch. Pfister, R. Kaufmann–Hayoz, P. Messerli, G. Stephan, B. Lanzrein, E.R. Weibel, P. Gehr, *"Das 1950er Syndrom": Zusammenfassung und These*, in: Das 1950er Syndrom, (Ch. Pfister Hrsg.), Haupt, Bern, 1995, S. 21–47

[78] Ch. Lutz, *Umweltpolitik und die Emissionen von Luftschadstoffen*, Duncker & Humblodt, Berlin, 1998

[79] K. Rennings, H. Koschel, *Externe Kosten der Energieversorgung und ihre Bedeutung im Konzept einer dauerhaft-umweltgerechten Entwicklung*, Zentrum für Europäische Wirtschaftsforschung Mannheim, Dokumentation Nr. 95-06, 1995. Die Daten in der Tabelle 5.2 wurden von den Autoren den folgenden Quellen entnommen: [80], [81], [82], and [83].

[80] E. Jochem, O. Hohmeyer, *The economics of near-term reductions in greenhouse gases*, in: Confronting climate change – risks, implications and responses (I.M. Irving Ed.), Cambridge University Press, 1992, pp. 217–236

[81] R. Friedrich, A. Voss, *External costs of electricity generation*, Energy Policy, February 1993, pp. 114 –122.

[82] R.L. Ottinger, *Incorporation of environmental externalities in the United States of America*, in: Ref. [85], pp. 353 –374.

[83] D.W. Pearce, C. Bann, S. Georgiou, *The social costs of fuel cycles*, Report to the UK Department of Trade and Industry, London, 1992.

[84] R. Kümmel, *Opportunity costs of CO_2*, Energy – The International Journal **17**, 901–906 (1992)

[85] O. Hohmeyer and R.L. Ottinger (eds.), *External Environmental Costs of Electric Power - Analysis and Internalization*, Springer, Berlin, Heidelberg, New York, 1991.

[86] R. Kümmel, W. Strassl, *Changing energy prices, information technology, and industrial growth*, in: Energy and Time in Economic and Physical Sciences (W. van Gool and J. Bruggink Eds.), North–Holland, Amsterdam, 1985, S. 175–194

[87] K. Conrad, M. Schröder, *Choosing Environmental Policy Instruments using General Equilibrium Models*, Journal of Policy Modeling **15**, 521–543 (1993)

[88] P. Capros, T. Georgakopoulos, D. Van Regemorter, S. Proost, K. Conrad, T. Schmidt, Y. Smeers, N. Ladoux, M. Vielle, P. McGregor, *GEM–E3, Computable General Equilibrium Model for studying Energy–Environment Interactions*, Office for Official Publications of the European Communities, Luxembourg, 1995

[89] OECD, *Implementation Strategies for Environmental Taxes*, Head of Publication Service OECD, Paris, 1996

[90] Global Change, Electronic Edition, February 1997, *Economists's Statement on Climate Change*, Pacific Institute for Studies in Development, Environment, and Security, Oakland, Calif.

[91] A.R.L. Gurland, *Wirtschaft und Gesellschaft im Übergang zum Zeitalter der Industrie*, in : Propyläen Weltgeschichte Band 8 (Golo Mann Hrsg.), Ullstein, Frankfurt/Main, 1991, S. 281–336

[92] Informationszentrale der Elektrizitätswirtschaft, Stromthemen **12**, Dezember 1997.

[93] B. Hannon, R.A. Herendeen, P. Penner, *An Energy Conservation Tax: Impacts and Policy Implications*, Energy Syst. Policy **5**, 141–166 (1981)

[94] R. Bach, *Die Ökonomie der Ökologie – Unternehmer haben ein egoistisches Interesse an einer ökologischen Steuerreform*, in: Ökologische Steuerreform (O. Hohmeyer Hrsg.), Nomos, Baden-Baden, 1995, S. 97–108

[95] L. Jarass, *Besteuerung der Produktionsfaktoren Arbeit, Kapital, Energie und Umwelt im internationalen Vergleich*, Energiewirtschaftliche Tagesfragen **43**, 231–237 (1993)

[96] G. Voss, *Folgen ökologisch motivierter Energiesteuern*, in: Ökologische Steuerreform (O. Hohmeyer Hrsg.), Nomos, Baden-Baden, 1995, S. 53–70

[97] zitiert nach [100]

[98] Bundesministerium für Wirtschaft, *Energiedaten '95*, Bonn, 1996

[99] D. Lindenberger, Dissertationsentwurf, Würzburg/Karlsruhe, 1998.

[100] R. Baron, *Competitive Issues Related to Carbon/Energy Taxation*, Annex I Expert Group on the UN FCCC, Working Paper 14, ECON–Energy, Paris, 1997

[101] K. Armingeon, *Energiepolitik in Europa: Hindernisse umweltpolitischer Reformen*, in : Das 1950er Syndrom (Ch. Pfister Hrsg.), Haupt, Bern, 1995, S. 377–389

[102] U. Müller, O. Budzinski, *Ökologische Krise, Arbeitslosigkeit und Ordnungspolitik*, Diskussionspapier Nr. 206, Fachbereich Wirtschaftswissenschaften, Universität Hannover, 1997

[103] A. J. Toynbee, *Die höheren Religionen*, in: Propyläen Weltgeschichte Band 2 (Golo Mann und Alfred Heuß Hrsg.), Ullstein, Frankfurt/M., 1991, S. 621–637

Index

Hoffmann

Wasserstoff – Energie mit Zukunft

Von **Volker U. Hoffmann**
Leipzig

1994. 171 Seiten mit 34 Bildern und 13 Tabellen.
13,7 x 20,5 cm.
(Einblicke in die Wissenschaft – Technik)
Kart. DM 19,80
ÖS 145,– / SFr 18,–
ISBN 3-8154-3501-3

Die Deckung unseres Energiebedarfs wird zunehmend von ökologischen Gesichtspunkten beeinflußt. Fossile Energieträger tragen in unterschiedlichem Maße zum Treibhauseffekt bei, und sie stehen nicht unbegrenzt zur Verfügung. Neben dem sparsamen Umgang mit Energie muß daher nach neuen Wegen für die Energieversorgung gesucht werden. Der energetische Einsatz von Wasserstoff ist ein solcher Weg; zahlreiche technische Lösungen dafür gibt es bereits. Der Autor stellt eine Auswahl vor: vom Kraftfahrzeug bis zum Cryoplane. Zugleich werden Fragen der Herstellung, des Transports und der Lagerung von Wasserstoff behandelt.

Dabei wird deutlich, daß die Wasserstoffenergetik erst dann Einzug in unser Alltagsleben hält, wenn sich der Wasserstoff preisgünstig aus nichtfossilen und nichtnuklearen Quellen gewinnen läßt.

Preisänderungen vorbehalten.

B. G. Teubner Stuttgart · Leipzig

Hoffmann

Photovoltaik – Strom aus Licht

Von **Volker U. Hoffmann**
Leipzig

1996. 161 Seiten mit 65 Bildern.
13,7 x 20,5 cm.
(Einblicke in die Wissenschaft – Technik)
Kart. DM 22,80
ÖS 166,– / SFr 21,–
ISBN 3-8154-2506-9

So modern uns die Photovoltaik (PV) heute auch erscheinen mag, ihre Anfänge reichen zurück bis in das Jahr 1839. Eine funktionstüchtige Solarzelle zur direkten Umwandlung von Licht in Strom lag erstmals 1954 vor. Heute gilt die Photovoltaik als eine wichtige Grundlage für eine künftige CO_2-freie Elektroenergieversorgung.

Der Autor stellt das Funktionsprinzip und die unterschiedlichen Arten von Solarzellen vor. Er gibt einen Überblick über verschiedene Varianten von PV-Systemen und deren wichtigste Komponenten. In Wort und Bild wird der Leser über zahlreiche Einsatzmöglichkeiten informiert. Dabei wird deutlich, daß die Photovoltaik – obwohl heute noch unwirtschaftlich – langfristig über ein enormes Entwicklungspotential verfügt, das es zu erschließen und zu entwickeln gilt.

Preisänderungen vorbehalten.

B. G. Teubner Stuttgart · Leipzig